世界武器鉴赏系列

民用飞机

鉴赏指南 （珍藏版）

（第2版）

《深度军事》编委会　编著

U0252913

清华大学出版社

北京

内 容 简 介

　　本书精心选取了世界各国现役或退役不久的数十种民用飞机,包括民航客机、民用货机、商务飞机、通用飞机、民用直升机等多个类别,着重介绍了每种飞机的研发历史、机体构造、电子设备、动力装置、运输能力和识别特征等内容,并有准确的参数表格。通过阅读本书,读者可以全面了解各国民用飞机的发展状况。

　　本书内容翔实,结构严谨,分析讲解透彻,图片精美丰富,适合广大军事爱好者阅读和收藏,也可以作为青少年的科普读物。

图书在版编目(CIP)数据

　　民用飞机鉴赏指南(珍藏版)/《深度军事》编委会编著. —2版.—北京:清华大学出版社,2018(2024.1重印)

　　(世界武器鉴赏系列)

　　ISBN 978-7-302-50950-9

　　Ⅰ.①民… Ⅱ.①深… Ⅲ.①民用飞机—世界—指南 Ⅳ.①V271-62

　　中国版本图书馆CIP数据核字(2018)第190419号

责任编辑:李玉萍
封面设计:郑国强
责任校对:张术强
责任印制:曹婉颖
出版发行:清华大学出版社
　　　　网　　　址:https://www.tup.com.cn,https://www.wqxuetang.com
　　　　地　　　址:北京清华大学学研大厦A座　　　邮　　编:100084
　　　　社 总 机:010-83470000　　　　　　　　　邮　　购:010-62786544
　　　　投稿与读者服务:010-62776969,c-service@tup.tsinghua.edu.cn
　　　　质量反馈:010-62772015,zhiliang@tup.tsinghua.edu.cn
印 装 者:河北华商印刷有限公司
经　　销:全国新华书店
开　　本:146mm×210mm　　　　　　　　　　　印　　张:9.875
版　　次:2014年6月第1版　2018年9月第2版　印　　次:2024年1月第14次印刷
定　　价:49.80元

产品编号:076681-01

国无防不立，民无防不安。一个国家、一个民族，最重要的两件大事就是发展和安全。国防是人类社会发展与安全需要的产物，是关系到国家和民族生死存亡的根本大计。军事图书作为学习军事知识、了解世界各国军事实力的绝佳途径，对提高国民的国防观念，加强青少年的军事素养有着重要意义。

与其他军事强国相比，我国的军事图书在写作和制作水平上还存在许多不足。以全球权威军事刊物《简氏防务周刊》（英国）为例，其信息分析在西方媒体和政府中一直被视为权威，其数据库被各国政府和情报机构广泛购买。而由于种种原因，我国的军事图书在专业性、全面性和影响力等方面还有明显不足。

为了给军事爱好者提供一套全面而专业的武器参考资料，并为广大青少年提供一套有趣、易懂的军事入门级读物，我们精心推出了"世界武器鉴赏系列"图书，其内容涵盖现代飞机、现代战机、早期战机、现代舰船、单兵武器、特战装备、世界名枪、世界手枪、海军武器、二战尖端武器、坦克与装甲车、无人装备、反恐装备、航天器等。

本系列图书由国内资深军事研究团队编写，力求内容的全面性、专业性和趣味性。我们在吸收国外同类图书优点的同时，还加入了一些独特的表现手法，努力做到化繁为简、图文并茂，以符合国内读者的阅读习惯。

　　本系列图书内容丰富、结构合理，在引导读者熟悉武器历史的同时，还提纲挈领地介绍了各种武器的作战性能。在武器的相关参数上，我们参考了武器制造商官方网站的公开数据，以及国外的权威军事文档，力图做到有理有据。每本图书都有大量的精美图片，配合别出心裁的排版，具有较高的观赏性和收藏价值。

前言
PREFACE

在中国古代,有关人类飞翔的神话很多,有人长出双翅,也有人变为鸟类,但更多的则是利用工具飞行。遗憾的是,无论神话中的人们利用哪一种方式飞翔,这个梦想都始终未能真正在现实世界中实现。直到20世纪初,人类才迎来了飞行历史上重大的跨越。1903年,美国的莱特兄弟(威尔伯莱特和奥维尔莱特)制造出了世界上第一架依靠自身动力载人飞行的飞行器——飞行者1号,并且试飞成功。

自从飞机发明以后,已日益成为现代文明不可缺少的交通工具。它深刻地改变和影响了人们的生活,开启了人们征服蓝天的历史进程。飞机不仅广泛应用于民用运输和科学研究,还是现代军队里的重要武器,使战争由平面发展到立体空间,对战略战术和军队组成等产生了重大影响。

本书精心选取了世界各国现役或退役不久的数十种民用飞机,包括民航客机、民用货机、商务飞机、通用飞机、民用直升机等多个类别,着重介绍了每种飞机的研发历史、机体构造、电子设备、动力装置、运输能力和识别特征等内容,并有准确的参数表格。通过阅读本书,读者可以全面了解各国民用飞机的发展状况。

本书紧扣军事专业知识,不仅能引导读者熟悉飞机的构造,而且还可以了解飞机的整体性能，特别适合作为广大军事爱好者的参考资料和青少年朋友的入门读物。全书共分6章，涉及内容全面合理，并配有丰富而精美的图片。

本书是真正面向军事爱好者的基础图书。全书由资深军事研究团队编写，力求内容的全面性、趣味性和观赏性。全书内容丰富、结构合理，关于飞机的相关参数还参考了制造商官方网站的公开数据，以及国外的权威军事文档。

本书由《深度军事》编委会创作，参与本书编写的人员有杨淼淼、阳晓瑜、陈利华、高丽秋、龚川、何海涛、贺强、胡姝婷、黄启华、黎安芝、黎琪、黎绍文、卢刚、罗于华等。对于广大资深军事爱好者，以及有兴趣了解并掌握国防军事知识的青少年，本书不失为很有价值的科普读物。希望读者朋友们能够通过阅读本书循序渐进地提高自己的军事素养。

本书赠送的图片及其他资源均以二维码形式提供，读者可以使用手机扫描下面的二维码下载并观看。

目 录
CONTENTS

Chapter 1
民用飞机漫谈

飞机自20世纪初问世以来，日益成为现代文明中不可缺少的重要工具，深刻地改变和影响着我们的生活。它不仅广泛应用于民用运输和科学研究，还是现代军队里的重要武器。

民用飞机的历史

　　1804年，英国人乔治•凯利在旋转臂上试验了一架滑翔机模型，第一次将鸟类飞行原理进行人为的模仿，并提出了最早的"定翼"思想。19世纪末，日后享誉世界的莱特兄弟（威尔伯•莱特、奥维尔•莱特）进入了航空研究领域，兄弟俩在总结前人经验和教训的基础上，开始了他们的滑翔飞行试验。很快，他们完全弄清了一架成功的飞机所应具备的三要素：升举、推进和控制。

　　在1900年秋季到1902年秋季之间，莱特兄弟陆续制造了三架全尺寸双翼滑翔机，并利用自制风洞开展机翼翼型实验。其中，第三号滑翔机空重约53千克，加上飞行员后的重量在150～155千克之间。这架滑翔机在1902年秋开始试验时，取得了圆满的成功，前后共计飞行了700余次，性能十分出色。

　　经过几年的努力，莱特兄弟的第一架飞机——"飞行者一号"终于出现在人们的面前。1903年12月17日，"飞行者一号"在北卡罗来纳州进行试飞。当天，"飞行者一号"总共进行了4次飞行，后来得到世界公认的第一次自由飞行是由哥哥威尔伯•莱特驾驶的第四次飞行，飞机在空中用59秒的时间飞行了260米。

"飞行者一号"飞机

此次飞行在空中时间很短，但这是一项伟大的成就：它是人类历史上由动力、载人、持续、稳定、可操纵的重于空气的飞行器的首次成功飞行。这次成功飞行具有十分伟大的历史意义，也为人类征服天空揭开了新的一页，也标志着飞机时代的来临。

1927—1932年中，座舱仪表和领航设备的研制取得了进展，陀螺技术应用到了飞行仪表上。这个装在万向支架上的旋转飞轮能够在空间保持定向，于是成为引导驾驶员能在黑暗中、雨雪天中飞行的各种导航仪表的基础。这时飞机中就出现了人工地平仪，它能向飞行员指示飞机所处的飞行高度；陀螺磁罗盘指示器，在罗盘上刻有度数；地磁感应罗盘，它不受飞机上常常带有的大量铁质材料的影响，也不受振动和地球磁场的影响。

这些仪表以灵敏度高、能测出离地30多米的高度表和显示飞机转弯角速度的转弯侧滑仪，此外还有指示空中航线的无线电波束，都是用来引导驾驶员通过模糊不清的大气层时的方法。

自从飞机发明以后，飞机日益成为现代文明不可缺少的运载工具。它深刻的改变和影响着人们的生活。由于发明了飞机，人类环球旅行的时间大大缩短。1949年人们进行了一次环球旅行。一架B-50轰炸机，经过4次空中加油，仅仅用了94个小时，便绕地球一周，飞行了37700千米。超音速飞机问世以后，人们飞得更高更快。1979年，英国人普斯贝特只用14个小时零6分钟，就飞行了36900千米环绕地球一周。在不到一天的时间里，就可以飞到地球的各个角落，这对于生活在20世纪之前的人类来说，这可以算得上是一个奇迹。

空中客车A340民航客机

　　二战结束初期，美国开始把大量的军用运输机改装为客机。20世纪60年代以来，世界上出现了一些大型运输机和超音速运输机，逐渐推广使用涡轮风扇发动机。然而超音速客机的发展并不乐观。其原因在于售价过高，且噪声污染大，影响经济效益。

图-144超音速飞机

　　如今错综复杂的空中航线把世界各国联系起来，为人们提供了既方便又快速的客运。飞机的发明也使航空运输业得到了空前发展，许多为工业发展所需的各种原料拥有了新的来源和渠道，大大减轻了人们对当地自然资源的依赖程度。

　　当然，飞机在现代战争中的作用更为惊人。不仅可以用于侦察、轰炸，而且在预警、反潜、扫雷等方面也极为出色。从某种角度来说，飞机在近百年来所取得的技术突破几乎都是因为战争的推动。军用飞机的不断蜕变促进了航空航天技术的发展，民用飞机也因此获益匪浅，人们也越来越多地享受到飞机带来的舒适和便利。

现代民用飞机

　　从某种角度上来说，飞机在近百年来所取得的技术突破几乎都是因为战争的推动。军用飞机的不断改进促进了航空航天技术的发展，民用飞机也因此获益匪浅，人们也越来越多地享受到飞机带来的舒适和便利。

波音 747 民航客机组装线

空中客车 A350 民航客机

民用飞机的分类

★ 按用途

　　以用途为分类标准，飞机可分为军用飞机与民用飞机两大类型。按不同的用途，军用飞机又可分为：战斗机（又叫歼击机）、攻击机（又叫强击机）、截击机、轰炸机、反潜机、侦察机、预警机、电子战机、军用运输机、空中加油机、无人机和靶机等。民用飞机则泛指一切非军事用途的飞机，包括客机、货机、邮政机、公务机、农林业用飞机、救火用飞机、救护机、试验研究机、教练机等。

波音 737 客机

▷ 按构造

　　由于飞机构造复杂，因此按构造的分类就显得种类繁多。如按机翼的数量可以将飞机分为单翼机、双翼机和多翼机。也可以按机翼平面形状分为平直翼飞机、后掠翼飞机、前掠翼飞机和三角翼飞机等。

三角翼飞机

按发动机类型

以发动机类型为分类标准，飞机可分为螺旋桨飞机和喷气式飞机。螺旋桨飞机包括活塞螺旋桨式飞机和涡轮螺旋桨式飞机。喷气式飞机主要包括涡轮喷气式、涡轮风扇式和涡轮螺旋桨式飞机，另外还有处于发展阶段的冲压式飞机。

喷气式飞机

按发动机数量

以发动机数量为分类标准，飞机可分为单发（动机）飞机、双发（动机）飞机、三发（动机）飞机、四发（动机）飞机、六发（动机）飞机、八发（动机）飞机等。

双发飞机

按飞行速度

以飞行速度为分类标准，飞机可分为亚音速飞机和超音速飞机。亚音速飞机又分低亚音速飞机（飞行速度低于400千米/时）和高亚音速飞机（飞行速度为0.8～0.9马赫）。多数喷气式飞机为高亚音速飞机。超音速飞机则是指速度能超过音速的飞机。

按航程

以航程为分类标准，飞机可分为近程飞机、中程飞机、远程飞机。远程飞机的航程为11000千米左右，可以完成中途不着陆的洲际跨洋飞行。中程飞机的航程为3000千米左右，近程飞机的航程一般小于1000千米。近程飞机一般用于支线，因此又称支线飞机。中、远程飞机一般用于国内干线和国际航线，又称干线飞机。

超音速飞机

远程飞机

⭐ 按操作方式

以操作方式为分类标准，飞机可分为有人驾驶飞机和无人驾驶飞机（简称无人机）。顾名思义，前者需要飞行员操纵，后者则由遥控设备或自备程序控制系统操纵。无人机通常是专门设计的，也有用其他飞机改装的。与有人驾驶飞机相比，无人机结构简单、重量轻、尺寸小、造价低廉，能完成有人驾驶飞机不宜执行的某些任务，在军事上已得到广泛应用。

无人飞机

Chapter 2
民航客机

民航客机是指体型较大、载客量较多的集体飞行运输工具，用于来往国内及国际商业航班。民航客机一般由航空公司运营，主要分为干线客机和支线客机。

美国波音 707 民航客机

波音707是世界上第一架在商业上取得成功的喷气式民航客机。

研发历史

波音707的原型机编号为367-80，1954年7月15日首次试飞。不久，波音公司在原型机的基础上为美国空军研制出KC-135空中加油机，并大量生产。经美国空军同意，1957年在KC-135的基础上发展成民用客机波音707，同年12月首次试飞，1958年开始交付使用。波音707的操作成本比当时的活塞发动机飞机低数倍，这是它取得成功的最重要原因。波音707最后一架民用型飞机于1978年交付使用。2013年，伊朗萨哈航空使用的波音707被停飞，标志着该机彻底退出了民航市场。

基本参数	
机长	46.61 米
机高	12.93 米
翼展	44.42 米
空重	66406 千克
最高速度	972 千米 / 时
最大航程	6920 千米

波音 707 民航客机起飞瞬间

机体构造

波音707是能够横越大西洋的大型客机，今天所有民航客机都使用的后掠翼、下挂发动机都是最先在此机上出现。波音707机身由四个部分组成，分别是机鼻至首个机门、机身前半部至机翼后缘、机身后半部至后耐压舱壁，最后是机尾。刹车系统由液压操控，设有防滑装置。

波音 707 民航客机侧方特写

电子设备

与其他采用后掠翼设计飞机一样，波音707会出现"荷兰滚"情况，飞机在飞行期间出现不稳定的滚动。波音公司曾在B-47的基础上设计出了偏航阻尼器（Yaw damper），此系统后来被安装在波音707身上。

波音 707 民航客机的驾驶舱

动力装置

波音707系列共有四种发动机型号，分别为普惠JT3、JT3D、JT4和劳斯莱斯康威。此外，测试型号还安装有CFM56发动机。这四台发动机外观上极为相似，因此从外形上难以分辨其型号。

飞行中的波音 707 民航客机

⫸ 运输能力

　　波音707的乘客量约为219人（经济、商务两级）或258人（一级），主要市场是长途主干线。以往飞机制造商在每排座位都配置一个窗口，但波音707则是确保每个机身骨架都有一个窗口，窗口虽然变小了，但乘客可享有多于一个窗口。此外，波音707的行李架可关闭，比开放式行李架有更多储存空间。

波音 707 民航客机的客舱

⫸ 十秒速识

　　波音707采用后掠式下单翼，其后掠式垂直尾翼顶端安装有天线，水平尾翼靠下安装。四台发动机安装在机翼两侧。

波音 707 民航客机前侧方特写

 ## 美国波音 717 民航客机

波音717是波音公司最小型的双发动机喷气式民航客机。

研发历史

波音717的前身是美国原麦克唐纳•道格拉斯公司的MD-95飞机（麦道被波音并购前）。1997年，麦道公司被波音公司并购后，波音公司继续MD-95计划，并且在1998年将其改名为波音717。1999年9月，波音717正式投入运营服务。2006年最后一架波音717客机出厂，总生产数量为156架。

基本参数	
机长	37.8 米
机高	9 米
翼展	28.47 米
空重	31674 千克
最高速度	917 千米/时
最大航程	3815 千米

夏威夷航空公司的波音 717 民航客机

机体构造

波音717主要用于短程高频率的航线，具有许多支线飞机的特性，其结构简单、重量轻，不需要加长跑道和大型空港设备，它自带客梯和货物装卸系统（选装设备），不需要地面支援设备，加油时也不用升降机和梯子。

波音717民航客机前侧方特写

电子设备

　　波音717驾驶舱配备有六组液晶显示器与先进的计算机。安装了IIIA类仪器自动进场着陆系统，航空公司还可选择IIIB类自动着陆系统和新型空中导航系统。座舱面板设置一组电子仪器控制系统，两组飞行管理系统，一组故障显示系统与一组全球定位系统。此外，航空公司还可以选购第三类仪器自动进场落地系统。

波音 717 民航客机的驾驶舱

动力装置

波音717配备了两台劳斯莱斯BR715发动机，BR715是一种高燃油高效率、高涵道比的涡轮风扇喷气式发动机。

波音 717 民航客机侧方特写

运输能力

波音717客舱采用每排5个座位的布局，二级客舱布局时可载客106人。公务舱与经济舱之间的隔板可以移动，使航空公司能很快地对客舱座位进行调整。波音717具有大尺寸的头顶行李箱，座位宽敞，腿部空间较大。

波音 717 民航客机的客舱

十秒速识

虽然波音717主要承袭DC-9/MD-80，但最大的不同是波音717配备了线传飞控系统。机身后部两侧安装有两台劳斯莱斯BR715发动机。

波音 717 民航客机起飞瞬间

 # 美国波音 727 民航客机

波音727是波音公司研制的三发中短程民航客机，投产期间是美国国内航空的主力机种。

研发历史

波音公司于1956年2月开始进行方案论证，1959年6月开始设计工作。1964年2月，首架波音727交付使用。1971年，波音727的销量超过了波音707。1974年，第1000架波音727交付，成为历史上第一种销量突破1000架

基本参数	
机长	46.7 米
机高	10.3 米
翼展	32.9 米
空重	45360 千克
最高速度	953 千米 / 时
最大航程	4450 千米

的喷气式民航客机。1984年，最后一架波音727出厂。至2011年8月，全球仍有250架波音727营运。

飞行中的波音 727 民航客机

机体构造

波音727的机身大致上沿用了波音707的机身设计，但机身下半部分比波音707深3米。此举除了降低开发成本，更使两种机型有零件共通性，而且拥有比当时其他同级飞机更宽阔的机舱空间。为了方便生产，机身被为分四个部分，生产完成后才运到波音伦顿厂房组装。波音727采用三开缝后缘襟翼，内侧前缘克鲁格襟翼，外侧前缘缝翼，飞机性能得到极大提升。

在机尾后方设有一条下放式登机梯，使飞机在上落客时可以不用外接登机桥或楼梯车。

波音 727 民航客机的驾驶舱

动力装置

波音727装有三台普惠JT8D涡轮风扇发动机，还设有辅助动力系统，不用外接机场地勤的发电机即可自动为飞机提供所需的电力、液压及空调。

波音 727 民航客机起飞瞬间

波音 727 民航客机正在降落

运输能力

　　加长机身的波音727拥有比当时其他同级飞机更宽阔的机舱空间，座椅可安排"3+3"的每排6个座位，潜在利润比每排5座位的对手高出12%。波音727首架载客航班于1964年2月1日由中国东方航空执行，设有28个头等位及66个旅游位。

波音 727 民航客机的客舱

十秒速识

波音727采用T形尾翼，3台普惠JT8D涡轮风扇发动机安装在机身尾部。

飞行中的波音 727 民航客机

美国波音 737 民航客机

波音737是波音公司生产的双发中短程喷气式民航客机，堪称民航历史上最成功的窄体民航客机系列。

基本参数	
机长	42.1 米
机高	4.01 米
翼展	35.7 米
空重	44676 千克
最高速度	876 千米 / 时
最大航程	5925 千米

研发历史

波音737飞机在1964年开始建造，于1967年4月原型机首次试飞。第一个型号737-100于1968年2月投入服务。20世纪80年代，波音公司着手研发第二代737飞机。20世纪90年代，波音公司又开始着手第三代737的研制工作。截至2013年，波音737已生产超过7500架，并仍有超过3000架的订单等待交付。

飞行中的波音737民航客机

机体构造

波音737飞机采用了常规布局，机身采用铝合金半硬壳式结构，在最初设计上尽量多地采用波音727的部件和零部件，以降低其生产成本和价格。与过去的波音飞机不同，波音737在机身蒙皮内胶接有格形加强板，每排连接件处的蒙皮为双层，用以改进机身的抗疲劳特性。设计之初，波音737就已确立只需正副驾驶两人的驾驶舱操作方式。由于飞机航程较短，巡航速度和高度较小，因此采用大翼载和较小后掠角。起落架采用液压可收放前三点式，应急时可靠重力自行放下。

波音 737 民航客机后侧方特写

动力装置

波音737飞机最初使用涡轮喷气发动机，其中737-100/200使用普惠JT8D发动机，而之后的型号都使用通用电气CFM56发动机。波音737拥有两套独立的液压系统为飞行操纵系统、襟翼、缝翼、起落架、前轮转变和机轮刹车提供动力。2台发动机各带动一台交流发电机。辅助动力装置可在地面和空中紧急情况下驱动发电机供电和为空调系统供压，并可用于起动发动机。

波音 737 民航客机后侧方特写

波音 737 民航客机在高空飞行

运输能力

　　波音737飞机的结构和系统有60%与波音727相同，甚至厨房和座椅都可以互换，尤其是一排6个座位的布置为波音737的优胜之处，波音727飞机一排只能容纳5个座位。波音737的总载客量能够达到215人。

波音 737 民航客机的客舱

十秒速识

　　波音737的机翼采用悬臂式中单翼，翼下吊挂两台发动机，尾翼由后掠式垂直尾翼和下置水平尾翼构成。

音 737 民航客机侧下 方特写

美国波音 747 民航客机

波音747飞机是波音公司在美国空军主导下推出的大型商用宽体客/货运输机，也是世界上第一款宽体民用飞机。

研发历史

20世纪60年代初，美国空军提出战略运输机计划。在竞标中，波音公司输给了洛克希德公司（C-5"银河"）。之后，泛美航空

基本参数	
机长	76.4 米
机高	19.4 米
翼展	68.5 米
空重	185972 千克
最高速度	988 千米/时
最大航程	15000 千米

公司希望波音公司能提供一种比波音707大两倍的客机。于是，波音将原来的军用运输机设计加以修改，体积庞大的波音747由此而生。自1970年投入服务后，到空中客车A380投入服务之前，波音747保持全世界载客量最高飞机的纪录长达37年。

波音 747 民航客机侧方特写

机体构造

波音747是一种双层、宽体、双通道、四发动机的飞机，采用普通半硬壳式结构，由铝合金蒙皮、纵向加强件和圆形隔框组成。破损安全结构采用铆接、螺接和胶接工艺。起落架为五支柱液压收放起落架。两轮前起

落架向前收起，四个四轮小车式主起落架：两个并列在机身下靠机翼前缘处，另外两个装在机翼根部下面。

波音 747 民航客机在高空飞行

动力装置

波音747的动力装置为4台涡轮风扇喷气式发动机。由发动机带动4台交流发电机为飞机供电，辅助动力装置带发电机。四套独立液压系统，还有一台备用交流电液压泵。

波音 747 民航客机前下方特写

波音747民航客机在高空飞行

||||▶ **运输能力**

　　波音747飞机采用双层客舱的布局方案，驾驶室位于上层前方，之后是较短的上层客舱。驾驶舱有两个观察员座椅。公务舱在上层客舱，头等舱在主客舱前部，中部可设公务舱，经济舱在后部。三级座舱设计(即经济，商务和头等舱)的载客量达到416人，而双级舱设计的载客量则高达524人。

波音 747 民航客机的下层客舱

十秒速识

波音747飞机采用悬臂式下单翼，每侧机翼前缘有前缘襟翼，机翼前缘靠翼根处有3段克鲁格襟翼。尾翼为悬臂式铝合金双路传力破损安全结构，全动水平尾翼。

波音 747 民航客机起飞瞬间

美国波音 757 民航客机

波音757飞机是波音公司研发的一款中型单通道窄体民航客机，主要用于替换波音727。

研发历史

20世纪70年代石油价格猛涨，航空公司迫切需要一种低油耗的新型民航客机。为此，波音公司决定研制200座级的波音757飞机用以取代波音727、部分波音707。波音757计划于1979年3月正式启动，1983年投入服务。截至2017年，大部分波音757仍在使用。

基本参数	
机长	47.32 米
机高	13.56 米
翼展	38.05 米
空重	59350 千克
最高速度	870 千米 / 时
最大航程	7275 千米

波音 757 民航客机前侧方特写

机体构造

波音757飞机是波音公司生产的200座级单通道双发窄体中程民航客机。其以波音727的机身为基础，为全金属半硬壳式破损安全结构，保留了卵形机身横截面，该截面形状由两段不同直径的圆弧组成。机头经过重新设计，采用单曲面驾驶舱风挡，减少了阻力和噪声。机身加长的是中段直径不变的部分，因而未增加很大阻力。主起落架为4轮小车式，前起落架为双轮式。

波音757民航客机侧方特写

电子设备

波音757驾驶舱采用技术领先的数字式电子设备和先进的显示装置，比起老式的机械电子式仪表来，极大地提高了可靠性。机长和副机长每人都有一对主飞行仪表系统的电子显示装置。电子指引地平仪指示器显示出飞机的姿态和自动驾驶仪导引标志，电子水平状态指示器显示的是有关导航设备、机场及计划的飞机航路的示意图，而且还可以在这些地面特征上面显示气象雷达的图像。部分波音757还装有风切变探测系统，可以提醒飞行机组并提供飞行路径指导以对付风切变对正常的起飞和降落产生的影响。

波音 757 民航客机的驾驶舱

动力装置

波音757采用双发动机（劳斯莱斯RB211或普惠PW2000），发动机拥有大直径的风扇，可以更多地驱动热核心机外侧及周围的空气，在降低噪声的同时提高了效率。

波音 757 民航客机起飞瞬间

运输能力

波音757拥有窄体客机中最大的航程，在满载200名乘客的情况下航程可超过7200千米，其载客量比727多50人，更有经济效益。该机的性能非常优异，因其较快的爬升速度而不时被称为"火箭飞机"，在最大起飞重量的情况下，波音757能比其他商业客机在较短的时间内爬升至13700米。不过，波音757必须有75%或以上的载客率，才可以使航班盈利，这种特性使其只能使用于高密度航线。

波音 757 民航客机的客舱

　　波音757飞机机翼采用悬臂式下单翼，机翼大梁横穿机身，平尾为普通轻合金抗扭盒形结构，垂尾为三梁双室抗扭盒形结构。机翼两侧分别装有发动机。

美国波音 767 民航客机

波音767是波音公司研发的一款双发动机中型宽体喷气式民航客机。

研发历史

1978年2月，波音公司宣布启动波音767研制计划。1979年初，开始全面设计研制工作。1982年，第一架波音767由联合航空公司投入使用，初期主要进行美国国内航线飞行。1985年，波音767成为第一架获得跨洋飞行许可的双发动机客机，此后多用于进行不间断的中远途洲际航线。在20世纪90年代，波音767成为最常见的跨大西洋航线客机。

基本参数	
机长	61.4 米
机高	5.41 米
翼展	51.82 米
空重	103872 千克
最高速度	913 千米 / 时
最大航程	10415 千米

波音 767 民航客机后侧方特写

▌▌▌▌▶ **机体构造**

　　波音767是波音第一架带有玻璃荧幕座舱的宽体双发动机客机，也是首次采用双人驾驶的宽体飞机。波音767与窄体客机波音757同一时期开发，两者有很多相似之处。由于波音767的机体内部直径只有4.7米，在宽体客机中最窄，因此舒适度不如空中客车A330。波音767机身大量采用铝合金建造，双轮前起落架向前收起，主起落架为四轮小车式，向内收起。

波音 767 民航客机起飞瞬间

▶ 电子设备

波音767的机载设备采用自动飞行状态调节控制系统、发动机数据显示器和警告系统，发动机的全部数据完全以数字化显示。波音767配有数字式飞行管理系统，三余度数字式飞行控制计算机，包括FCS-700飞行控制系统、EFIS-700电子飞行仪表系统和RMI-743无线电磁显示器。选装设备包括波音的风切变探测和导引系统。

波音 767 民航客机的驾驶舱

▶ 动力装置

波音767飞机使用2台高涵道比涡轮风扇发动机，辅助动力装置驱动1台90千伏安交流发电机用于地面和空中应急供电。三套液压系统由发动机引气驱动液压泵供压。

波音 767 民航客机侧下方特写

▶ 运输能力

波音767飞机的机舱采用双过道设计，公务舱安排6个座位，经济舱7个座位。经济舱标准的"2+3+2"座位布局中87%的座位都紧邻舷窗或过道，所有座位和过道之间都不超过一个座椅。波音767机舱最多可以容纳8列座椅，但会导致机舱变得异常狭窄，因而极少采用。但是波音767的货舱容积较小，只能容纳窄体机惯用的LD2集装箱。

波音 767 民航客机的客舱

▶ 十秒速识

波音767机翼采用悬臂式下单翼，尾翼采用悬臂式破损安全铝合金和铝合金蜂窝结构。机翼下前伸吊挂两台高涵道比涡轮风扇发动机。每侧机翼和中央翼内各有一个整体油箱。

波音 767 民航客机前侧方特写

美国波音 777 民航客机

波音777飞机是波音公司研发的一款双发动机中远程宽体客机，目前是全球最大的双发动机宽体客机之一。

基本参数	
机长	73.9 米
机高	18.5 米
翼展	60.9 米
空重	160120 千克
最高速度	945 千米／时
最大航程	7038 千米

研发历史

波音公司投入了大量资源以开发波音777，为继747之后波音历史上的第二次豪赌。该机于1990年10月正式开始研制，1994年6月12日第1架波音777首次试飞，成为民用航空历史上最大的双发喷气式飞机。1995年5月17日，首架波音777交付使用。2012年3月，第1000架波音777交付阿联酋航空公司运营。

波音 777 民航客机在高空飞行

机体构造

波音777是波音公司首款使用复合材料制造的飞机，机体约有10%为复合材料。其机翼在所有亚音速商业飞机中最符合空气动力学，机翼在改进波音757和767设计的基础上，增加了机翼的长度及厚度，翼展加大到60.9米，优化了机翼的性能。波音777拥有六个机轮的主起落架系统，六轮式设计使机身可以获得更好的稳定度。所用的双轮式前轮起落架是全世界最大的飞机起落架，以便有效控制两组六轮的机轮。

波音777民航客机侧方特写

电子设备

波音777飞机采用了全数字式电传飞行控制系统、软件控制的飞行电子控制器、液晶显示飞行仪表板、光纤飞行电子网络等多项新技术。为了对抗空中客车与麦道公司，波音777增设了线传飞控技术，成为首款使用线传飞行控制技术的波音商用飞机。波音777是波音飞机中第一个把增强型近地告警系统（EGPWS）作为标准设备而不是选装设备的机型。

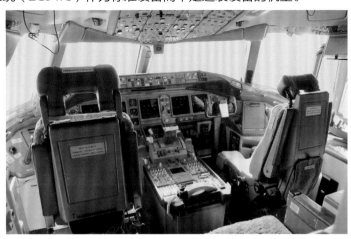

波音 777 民航客机的驾驶舱

动力装置

波音777采用了三种效率更高、噪声更小的涡轮风扇发动机，选用了普惠PW4000、通用电气GE90以及劳斯莱斯Trent 800系列发动机。波音777有两台发电机，一台辅助动力装置驱动的发电机以及辅助电力系统。

波音 777 民航客机侧方特写

运输能力

波音777采用双过道客舱，每排6~10座。客舱地板下分前舱、后舱的空间可装载LD1~LD6以及LD10和LD11集装箱，也可装载2.44米×2.44米的货盘，货舱可容纳14个LD-3货柜。部分波音777在机舱上部设置了机舱服务员休息区，飞行员也有独立的休息区，其载客量能够达到368人。

波音 777 民航客机的客舱

▶ 十秒速识

波音777飞机具有完全圆形的机身横切面，采用悬臂式下单翼，机翼厚度大，部分机型加装了斜削式翼梢小翼，尾翼呈刀形。

波音 777 民航客机前方特写

美国波音 787 民航客机

波音787飞机是波音公司研发的一款双发动机中远程宽体客机。

研发历史

波音787项目在2004年4月正式启动，经过多次延期后于2009年12月15日成功试飞。2011年9月27日，波音787开始交付使用。2013年1月16日，由于连续出现安全故障，波音787暂时停飞。在波音公司修改了电池设计之后，于2013年4月25日恢复飞行。

基本参数	
机长	63 米
机高	16.92 米
翼展	60 米
空重	115000 千克
最高速度	945 千米 / 时
最大航程	15750 千米

波音787民航客机后侧方特写

机体构造

波音787是世界航空史上首架超长程中型客机，打破以往一般大型客机与长程客机挂钩的定律。波音787拥有多项技术创新，其中最引人注目的是波音787机体结构的一半左右都采用更轻、更坚固的碳纤维合成材料来代替铝合金，是第一款以碳纤维合成物为主体材料的民用喷气式客机。波音787采用超临界机翼设计。超临界机翼的好处在于在高次音速时有较好的气动力效率，可以减少燃料的消耗并增强飞机的某些性能，如飞行距离等。波音787还装备了垂直阵风抑制系统，能感知湍流并指挥机翼操纵面应对湍流，从而大幅提高飞行的平稳性。

波音 787 民航客机在高空飞行

电子设备

波音787驾驶舱仅装备了13个航线可更换组件（LRU），零部件及其成本仅相当于波音777和747的一半。其驾驶舱装配了一整套导航与通信无线电设备及航空电子设备，标准配置包括双平视显示器（HUD）、多功能平板显示器、双电子飞行包以及一个电子检查表。

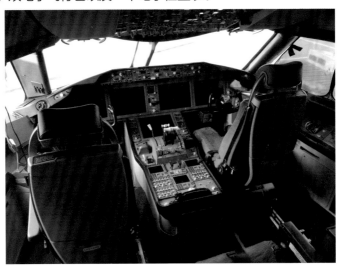

波音 787 民航客机的驾驶舱

动力装置

波音787的动力装置分别为通用电气的GEnx-1B发动机及劳斯莱斯的Trent 1000发动机。不同厂商的波音787发动机均有着相同的标准界面，因此航空公司可把飞机的发动机互换，不存在不相容的问题。

波音 787 民航客机侧方特写

运输能力

波音787系列属于200座～300座级客机，航程随型号不同可覆盖6500～16000千米。技术和设计上的突破，使中型尺寸的波音787具有在同座级的飞机中无与伦比的航程能力与英里成本经济性。波音787能够以0.85倍音速飞行，这也使其点对点远程不经停直飞能力得以更好地体现，从而能在450多个新城市之间执行点到点直飞任务。

十秒速识

波音787机身截面形状采用双圆弧形，机翼采用超临界机翼，具有流线型机鼻与鲨鱼鳍式翼尖、小翼与尾翼。机身中部两侧机翼分别安装有一台发动机。

波音 787 民航客机的客舱

飞行中的波音787民航客机

美国 DC-8 民航客机

　　DC-8飞机是道格拉斯公司研制的四发动机喷气式客机，也是民航历史上第一代喷气式客机。

研发历史

　　DC-8于1955年6月开始设计，1958年5月30日首飞，1959年9月交付投入使用。DC-8于1972年停产，被更大的DC-10所取代。由于DC-8可运载的货物量较波音707稍多，目前有数十架更换发动机后的DC-8仍在使用，而波音707则在2000年左右停止了商业运营。

基本参数	
机长	57.12 米
机高	12.92 米
翼展	45.23 米
空重	70000 千克
最高速度	965 千米 / 时
最大航程	10000 千米

DC-8 民航客机前方特写

机体构造

　　早期型DC-8飞机生产了5种不同的型号，各型号几何尺寸、气动特点和主要系统基本相同，主要区别是选用了不同的发动机。其中DC-8远程型，燃油量加大，加强了机翼、后机身、尾翼和起落架。20世纪60年代中期，陆续发展出了几种改变机体结构的DC-8客机系列。

DC-8 民航客机侧下方特写

动力装置

DC-8-10是国内航线型飞机，安装有四台JT3C-6涡轮喷气式发动机，单台推力60千牛；DC-8-20装四台JT4A-3涡轮喷气式发动机，单台推力70.28千牛；DC-8-30装四台JT4A-9涡轮喷气式发动机，单台推力77.9千牛；DC-8-40采用4台劳斯莱斯康威型涡轮扇发动机，单台推力77.9千牛；DC-8-50安装4台JT3D-1涡轮风扇发动机，单台推力75.69千牛；DC-8-60系列装四台JT3D涡轮风扇发动机，单台推力84.5千牛；DC-8-70系列装四台CFM56或JT3D涡扇发动机，单台推力100千牛。

DC-8 民航客机起飞瞬间

运输能力

DC-8投入运营要晚于波音707，但DC-8客舱更宽大，并可以不经中转横跨大西洋飞行。由于DC-8可运载的货物量比波音707稍多，目前仍有数十架在更换发动机后的DC-8在使用。

DC-8 民航客机在高空飞行

DC-8 民航客机的客舱

十秒速识

DC-8机身细窄而长，采用后掠式下单翼，翼下吊挂四台发动机，具有后掠式垂直尾翼和下置水平尾翼。

机身窄长的 DC-8 民航客机

美国 MD-80 民航客机

MD-80系列客机是麦克唐纳·道格拉斯公司在DC-9-50基础上发展起来的双发动机中短程客机。

基本参数	
机长	45.01 米
机高	9.05 米
翼展	32.8 米
空重	35400 千克
最高速度	811 千米 / 时
最大航程	3800 千米

研发历史

MD-80是麦克唐纳·道格拉斯公司为了满足航空公司对更大载客量的中短程客机需要而研制的。该机于1977年10月开始研发，1979年10月18日首次试飞，1980年10月10日由瑞士航空率先投入运营。该机最初认证为DC-9系列，但在1983年7月改为MD-80。2012年9月，MD-80的货机版本出现，由退出运营的MD-80客机改装而来。目前，美国航空和达美航空仍在大量使用MD-80系列。

MD-80民航客机上方视角

机体构造

MD-80的每个机翼在翼根和翼尖处各加长一段，其翼展比DC-9-50大28%，机翼前机身加长3.68米，机翼后机身加长0.48米。由于机翼加长，机翼内整体油箱燃油量增加。襟翼无级调节系统可以使襟翼控制在更精确的位置上，以保证飞机具有更好的起飞着陆性能。MD-80系列的主要型号包括MD-81、MD-82、MD-83、MD-87和MD-88，除较短的MD-87外，其余型号的机身长度都相同。MD-80在驾驶舱、航空电子以及空气动力学方面都作出了改进，航程也在早期DC-9的基础上有所加长。

MD-80 民航客机在高空飞行

电子设备

　　MD-80采用新式先进数字电子综合飞行导引和操纵系统。霍尼韦尔公司专门为MD-80系列研制了电子飞行仪表系统，该系统可以将平视显示和飞行管理系统结合在一起，从而代替了原来简单的机电式飞行仪表。

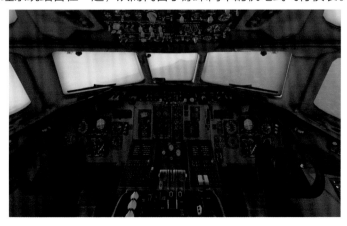

MD-80 民航客机的驾驶舱

▎▎▎▶ ★ 动力装置

MD-80民航客机安装有两台普惠JT8D涡轮发动机，与DC-9-50相比，其辅助动力装置功率更大。

MD-80 民航客机前侧方特写

▎▎▎▶ ★ 运输能力

MD-80系列比DC-9拥有更长的机身，可装载更多燃料并增加载重量，专为接载140~170名乘客及提供短途及频繁的旅行而设计。

MD-80 民航客机的客舱

MD-80采用后掠式下单翼，后部机身安装两台发动机，具有后掠式T形垂直尾翼和水平尾翼。

MD-80 民航客机前侧方特写

美国 L-1011"三星"民航客机

L-1011"三星"飞机（TriStar）是洛克希德公司研发的一款三发动机中长程宽体客机。

研发历史

L-1011"三星"是继波音747和麦道DC-10后，第三款投入商业运营的宽体喷气式客机，也是洛克希德唯一一款喷气式民航客机。该机于1970年11月17日首飞，1972年4月26日交付使用。在1968年到1984年间，洛克希德公司生产了250架"三星"客机，之后就因销售不畅未能收回成本，就宣告停止了自身的商用飞机业务。

基本参数	
机长	54.15 米
机高	16.87 米
翼展	47.34 米
空重	105052 千克
最高速度	871 千米 / 时
最大航程	7419 千米

机体构造

L-1011在组装机身时采用了一套特殊的高压焊接工艺，使机体具备了非常强的抗腐蚀能力。交付给太平洋西南航空的两架L-1011安装了内置式登机梯，使乘客可以从原来的前方行李舱位置进出飞机。这使飞机可以在没有登机桥的停机坪上下旅客。这两架飞机后来被转卖给了秘鲁航空公司和加拿大航空公司。

高空飞行的 L-1011 "三星" 民航客机

▌▌▌▶ 电子设备

    L-1011拥有高度自动化的自动驾驶系统,并且是第一种具有美国联邦航空局自动着陆资质认可的宽体式客机,这使L-1011可以由机载自动驾驶系统进行零能见度下的完全自动化降落。L-1011使用一套惯性导航系统以获得相关的导航资料,且可以通过输入所在地的经度和纬度对系统进行校准。

L-1011 "三星" 民航客机的驾驶舱

动力装置

L-1011飞机采用两台劳斯莱斯RB211-22发动机，早期型号发动机舱的进气口呈圆形，而后期型号在中发动机进气口和机身顶部之间添加了一个垂直的鳍型结构。

正在起飞的 L-1011 "三星" 民航客机

运输能力

为了增加客舱空间，L-1011的厨房安装在机身中间的行李舱位置，有效提升了机舱使用空间，并令厨房的空间比其他同类型飞机大。

L-1011 "三星" 民航客机的客舱

▌▌▌▌★ 十秒速识

L-1011呈宽体机身，采用后掠式下单翼，三台发动机中有两台安装在翼下，一台安装在后掠式垂直尾翼根部并于垂直尾翼整合在一起。该机采用后掠式下置水平尾翼。

L-1011"三星"民航客机侧方特写

 俄罗斯伊尔 -62 民航客机

伊尔-62是伊留申设计局研制的一款四发动机远程喷气式客机，北约代号称为"文豪"（Classic）。

基本参数	
机长	53.12 米
机高	12.35 米
翼展	43.2 米
空重	71600 千克
最高速度	900 千米／时
最大航程	10000 千米

研发历史

伊尔-62于1960年宣布其计划，1963年1月作首次飞行。1967年9月15日，伊尔-62首次飞莫斯科至蒙特利尔航线，1968年7月开始飞莫斯科至纽约航线，后来代替图-114从莫斯科飞伦敦、巴黎、东京等航线，成为苏联民航主要国际航线客机。

伊尔-62民航客机前侧方特写

机体构造

伊尔-62客机机身采用全金属半硬壳式结构，截面呈圆形。隔框为硬铝冲压件，在高受载区域采用整体应力蒙皮壁板。客舱地板为泡沫塑料夹层板。机头罩可向上打开，以便检查雷达。尾部有阻力伞舱。起落架采用液压可收放前三点起落架。前起落架为双轮，主起落架为四轮小车式。前起落架向前收入机身，主起落架向内收入翼根。前、主起落架均可靠重力应急放下。主轮有盘式刹车，惯性电动防滑装置。装卸货物时可放下液压操纵的双轮支柱支撑后机身。

伊尔 -62 民航客机正在起飞

电子设备

伊尔-62客机的电子设备包括双通道自动驾驶仪、导航计算机、航行计算装置、大气数据系统、高频和超高频电台、甚高频全向信标/仪表着陆系统、多普勒导航系统、无线电高度表和气象雷达等。

伊尔 -62 民航客机的驾驶舱

动力装置

伊尔-62安装有四台库兹涅佐夫HK-8涡轮风扇发动机，单台推力139千牛，该机还装备有反推力装置。发动机进气道为热空气防冰，自动控制的燃油系统，整个机翼内共有七个整体油箱，每台发动机都有单独的燃油系统。翼下共有四个压力加油口，另有八个重力加油口。

伊尔-62 民航客机后方特写

运输能力

伊尔-62客舱布置有三种：分别可载186人、165人、114人。两个增压的行李舱和货舱位于机翼前后的地板下面，机尾内部行李舱为非增压舱。前舱可装九个集装箱，后舱可装五个集装箱。两舱均可装零散货物。

伊尔 -62 民航客机的客舱

▎▎▎▷ 十秒速识

　　伊尔-62外形最显著的特点是采用了T形尾翼，高平尾布局，机身后左右两侧各并排放置两台发动机。

伊尔 -62 民航客机降落瞬间

俄罗斯伊尔-96民航客机

伊尔-96是伊留申设计局研发的一款四发远程宽体客机。

研发历史

第一架伊尔-96原型机在1988年9月28日首飞。1993年，伊尔-96投入商业运营。由于苏联解体后伊留申设计局资金出现问题，伊尔-96交货缓慢，发展受阻。伊尔-96有三种不同的型号：伊尔-96-300、伊尔-96M/T、伊尔-96-400。

基本参数	
机长	63.94 米
机高	15.7 米
翼展	60.11 米
空重	122300 千克
最高速度	870 千米/时
最大航程	12000 千米

正在起飞的伊尔-96民航客机

▶ 机体构造

伊尔-96采用普通半硬壳式轻铝合金圆形截面结构，主驾驶舱和地板下货舱的地板为蜂窝结构。有一个前起落架和三个主起落架。双轮式前起落架向前收起，三个四轮小车式主起落架，两个向后收入翼根/机身整流罩内，第三个主起落架装在机身下中部，位置比其他两个主起落架稍靠后，可自身旋转20度向前收入机身腹部。

伊尔 -96 民航客机在高空飞行

▶ 电子设备

伊尔-96所使用的飞行控制装置全部由三余度的电传操纵系统操作。驾驶舱内保留有常规的备用仪表，但主要飞行信息由复式双屏幕彩色阴极射线管、卫星导航系统和其他传感器提供。三余度飞行控制和飞行管理系统以及平视显示器，允许在国际民航组织第ⅢA类最低条件下全自动进场着陆。复式发动机和系统监控及故障告警系统将飞行中的信息反馈给飞行工程师工作站和地面的监控人员。另一个电子系统自动提供实时重量和重心状态数据。

伊尔-96民航客机的驾驶舱

动力装置

伊尔-96装有四台索洛维耶夫PS-90A高涵道比涡轮风扇发动机，放置在机翼前缘的发动机吊舱内。机翼整体油箱，总燃油容量152620升。尾锥内装置辅助动力装置。

伊尔-96民航客机前方特写

运输能力

伊尔-96客舱可载客300人。每排9座。三级混合型客舱布局载客235人。下层舱设有一个前货舱，可放置六个LD3集装箱，机翼后的中货舱可放置10个LD3集装箱或货盘。其最大航程可达12000千米，可以直飞从莫斯科到美国西海岸的航线，并可以与空中客车A340、波音777等同级别客机进行竞争。

伊尔-96 民航客机的客舱

十秒速识

伊尔-96采用悬臂式下单翼，带有翼梢小翼，尾翼采用普通后掠悬臂式结构，平尾带有上反角。

伊尔 -96 民航客机正在起飞

 # 俄罗斯图 -144 民航客机

图-144是苏联图波列夫设计局研制的超音速客机，也是世界上最先首飞的超音速民航客机。

基本参数	
机长	65.5 米
机高	12.5 米
翼展	28.8 米
空重	99200 千克
最高速度	2120 千米 / 时
最大航程	6500 千米

研发历史

图-144在1962年由图波列夫设计局和苏联航空工业部研制，1968年12月31日原型机首次试飞，比"协和"式试飞早两个月。图-144于1975年12月26日交付使用，提供货运及邮政服务，来往莫斯科与哈萨克的阿拉木图之间。1977年11月，开始提供载客服务。

图 -144 民航客机后侧方特写

机体构造

图-144采用三人制驾驶舱设计，机头部分在俯仰方向上由液压装置驱动折转，可下垂的机头保证驾驶员在大迎角起降时有良好的视野。其生产型机身加长加宽，起落架和发动机短舱经过重新设计，机头两侧增加了可伸缩前翼，降落时伸出，可降低进场速度，并使飞机降落更为平稳舒适。

主起落架由两组八轮结构组成。

图-144民航客机前下方特写

动力装置

图-144使用四台NK-144涡轮风扇发动机，图-144D使用推力更大的RD-36-51发动机，比NK-144更省油，在超音速飞行时不需使用加力燃烧室，续航距离更长。

图 -144 民航客机侧方特写

正在起飞的图 -144 民航客机

运输能力

图-144由于技术上、经济性方面存在问题，在研制过程中还发生了两起重大事故，极大地影响并限制了它的应用与发展，它只在极少的航线进行了少量的民航航班运营，创造了一些航空纪录，到1984年就彻底停止了商业飞行。

图 -144 民航客机的客舱

十秒速识

图-144的机头两侧安装有细条状的鸭翼，采用双三角翼形，发动机紧贴机身。

图-144 民航客机前侧方特写

俄罗斯 SSJ-100 民航客机

SSJ-100是由俄罗斯苏霍伊航空集团的子公司——苏霍伊民用飞机公司研制生产的支线客机。

研发历史

SSJ-100最 初 被 命 名 为RRJ（Russian Regional Jet），该机从一开始就把目标瞄准了出口市场。为此，领导这个项目的苏霍伊公司在波音公司的帮助下在研制和生产中引进

基本参数	
机长	29.94 米
机高	10.28 米
翼展	27.8 米
空重	25100 千克
最高速度	828 千米 / 时
最大航程	4578 千米

了许多西方管理理念。SSJ项目的技术人员主要来自苏霍伊、伊留申和图波列夫设计局。

SSJ-100 民航客机侧方特写

SSJ-100 民航客机在高空飞行

▌▌▌▶ ★ 动力装置

SSJ-100装备了由法国斯奈克玛公司和俄罗斯土星研究局联合研制的SaM146发动机。该发动机的推力在试验中达到了8347千牛，大幅超过了设计值。

SSJ-100民航客机在海上飞行

SSJ-100民航客机后侧方特写

运输能力

SSJ-100客机95座基本型的售价约为2800万美元，比一些国外同类机型的价格低15%左右。该机分为基本型和远程型，有60座、75座和95座的布局，其中95座基本型的设计航程为4590千米。

SSJ-100 民航客机的客舱

十秒速识

SSJ-100客机采用后掠翼设计，机身两侧机翼下挂各一台发动机。

SSJ-100 民航客机上方视角

英国 DH 121 "三叉戟" 民航客机

DH 121 "三叉戟"（Trident）是原德·哈维兰公司研制的一种三发短程客机，是世界上较早实现自动驾驶的机型之一。

基本参数	
机长	35 米
机高	8.3 米
翼展	28.9 米
空重	33475 千克
最高速度	972 千米 / 时
最大航程	4345 千米

研发历史

1956年7月，英国欧洲航空公司招标，寻找一种中短程喷气式客机。最终，德·哈维公司的DH 121方案竞标成功。1960年，德·哈维兰公司并购至霍克·西德利公司，英国欧洲航空公司主席给该机起了"三叉戟"的绰号。1962年1月9日，"三叉戟"完成首次试飞，并出现在同年的范堡罗航展上。1964年4月1日，该机开始在英国欧洲航空公司执行飞行任务。

正在起飞的"三叉戟"民航客机侧方特写

机体构造

　　"三叉戟"客机采用半硬壳式机身，全金属（铝合金）蒙皮。除了标准布局外，还有载客较多的混合布局和高密度布局。"三叉戟"采用液压可收放前三点式起落架，主起落架各有两对机轮，以机翼主梁为轴翻转。

"三叉戟"民航客机侧方特写

▎▎▎▎★▷ 电子设备

"三叉戟"客机装有仪表着陆系统、飞行控制和导航设备、供电系统和空调防冰系统以及完善的通信设备。

"三叉戟"民航客机的驾驶舱

▎▎▎▎★▷ 动力装置

"三叉戟"客机配有三台涡轮风扇发动机，因为发动机的推力线靠近机身轴线，当一台发动机失效时，造成的偏航力矩也较小。RB163"斯贝"涡轮风扇发动机有两个涵道，由风扇提供较内涵道喷气流速度更低的外涵道气流，可以在亚音速的飞行范围内，比一般涡轮喷气发动机更为经济，而且比涡桨式发动机能适应更高的飞行速度范围。

"三叉戟"民航客机起飞瞬间

⬛⬛⬛⬛⭐ 运输能力

　　"三叉戟"客舱在4座和6座一排的混合布局时可设75个旅客座椅，全部6座一排时可设95个经济舱座椅。"三叉戟"2E型是世界上第一种能在恶劣气象条件下具有全自动着陆能力的民航客机，改进了商业航空服务可靠性，提高了飞行安全标准。

"三叉戟"民航客机的客舱

十秒速识

　　"三叉戟"机翼为悬臂式后掠下单翼，采用T形尾翼，全动式水平尾翼。两台发动机装在机身后部左右两侧，另一台装在后机身内。

"三叉戟"民航客机在高空飞行

英国 BAe 146 民航客机

BAe 146是英国宇航公司研制的一款四发动机短程喷气式支线运输机。

研发历史

BAe 146原名HS.146，是原英国霍克·西德利飞机公司于1972年研制的70～85座级的四发动机喷气式客机，后因爆发石油危机而搁置。1977年4月，霍克·西德利与英国飞机公司合并组成英国宇航公司。1978年7月，HS.146计划以BAe 146的新名称起死回生，作为短程支线运输机投入市场。BAe 146于1983年开始交付使用。

基本参数	
机长	30.99 米
机高	8.61 米
翼展	26.21 米
空重	23897 千克
最高速度	801 千米 / 时
最大航程	1966 千米

BAe 146民航客机前侧方特写

机体构造

BAe 146具有高效的机翼设计，扰流板和襟翼的面积比同类型更大，采用前三点式起落架，BAe 146起落性能较好，能在小型机场起降。该机具有使用费用低和噪声低等特点。与一般的支线客机相比，BAe 146系列具有宽机身、优越的旅客座位配置规格，采用每行5个座位排列，而不是传统的4座位并列。

BAe 146 民航客机前方特写

▶ 动力装置

BAe 146民航客机配备了四台由美国达信·莱康明公司由直升机的涡扇发动机改型而成的ALF 502涡扇发动机，发动机未设反推力装置。

BAe 146 民航客机不同角度特写

运输能力

BAe 146客机以低噪声而闻名，有"耳语喷气机"的美誉，广泛应用在小城市的支线机场，扮演着短途或支线航班的角色。BAe 146的载客量最高能够达到100人，航程最高可达1966千米。

BAe 146 民航客机的客舱

十秒速识

BAe 146机身采用高单翼配搭T形尾翼设计，四台发动机吊挂在主翼下。

BAe 146 民航客机起飞瞬间

法意 ATR 42 民航客机

ATR 42是法国宇航公司和意大利阿莱尼亚公司联合研制的一款双发涡桨式支线运输机。

研发历史

1980年，法国宇航公司和意大利阿莱尼亚公司达成协议，决定共同研制一种中、小型支线客机。1981年，两家公司合组ATR公司。第一架原型机于1984年10月首飞，第一架生产型飞机于1985年4月首飞。1985年12月开始交付使用，其用户有法国、意大利、荷兰、丹麦、芬兰和美国的多家航空公司。ATR是法文和意大利文"区域运输机"的略语，42是基本型客机的载客数。

基本参数	
机长	22.67 米
机高	7.59 米
翼展	24.57 米
空重	11250 千克
最高速度	556 千米 / 时
最大航程	1560 千米

ATR 42 民航客机前侧方特写

机体构造

ATR 42客机采用普通半硬壳式破损安全结构，主要由轻合金部件构成，结构设计使用寿命25年。ATR 42采用液压收放前三点式，均为双轮，每个起落架都使用一个油气减震器。前轮向前收起，主轮向内收入机身及大型起落架整流罩内。主起落架装有多盘式刹车装置和防滑装置。主轮和前轮均为无内胎机轮。

ATR 42民航客机前侧方特写

电子设备

　　ATR 42的标准设备是国王公司的Gold CrownIII通信导航设备，其他标准电子设备包括霍尼韦尔公司DFZ-600自动驾驶仪/飞行指引仪，P-800气象雷达，AZ-800数字式大气数据计算机和两套AH-600姿态/航向参考系统，还有近地告警系统、无线电高度表以及数字式驾驶舱记录器等。除此之外，ATR 42客机还安装有两台甚高频电台、两台伏尔/仪表着陆系统/指点标接收机、无线电罗盘、无线电高度表、测距设备、空中交通管制应答器、驾驶舱话音记录器、机内通话装置以及美国联邦航空条例第21部要求的设备。

ATR 42 民航客机的驾驶舱

动力装置

　　ATR 42民航客机安装有两台普惠PW120涡桨发动机，单台功率1342千瓦，可选装加雷特公司的辅助动力装置。燃油装在两个机翼整体油箱内，总容量5700升。右机翼前缘有一单点压力加油口，机翼上表面有重力加油口。滑油容量40升。

ATR 42 民航客机起飞瞬间

运输能力

    ATR 42在气动力和结构设计以及机载设备等方面均采用了许多先进技术，并使用了计算机辅助设计和制造技术。基本设计标准经济性好、起落距离短、具有在Ⅱ类气象条件下的仪表着陆能力、全增压客舱、具有宽体客机的舒适性等。ATR 42客舱有42座，排距81厘米。也可安排46座、48座、50座，排距76厘米，每排4座，中间设过道，载客量42人，最高航程达到1560千米。

ATR 42 民航客机的客舱

十秒速识

    ATR 42机身横剖面大部分呈圆形，采用上单翼和T形尾翼布局，外翼段呈梯形。

ATR 42 民航客机准备降落

 法意 ATR 72 民航客机

ATR 72是法国与意大利合资的飞机制造商ATR制造的一款双螺旋桨民航客机。

研发历史

ATR 72是ATR 42的加长型飞机，ATR公司在1985年巴黎航展期间宣布着手这项改型计划。ATR 72于1988年10月27日首飞，1989年10月27日开始交付使用。按1991年市值计

基本参数	
机长	27.17 米
机高	7.65 米
翼展	27.05 米
空重	12950 千克
最高速度	511 千米／时
最大航程	1324 千米

算，ATR 72单价为1190万美元。ATR公司原本打算研发78座的ATR 82，但是计划在1996年就告吹了。2000年4月，ATR公司交付第600架ATR 72。

ATR 72 民航客机侧方特写

机体构造

ATR 72和ATR 42机身相同，但机身长度增加。驾驶舱设备及布局也和ATR 42基本相同，但增加了微型发动机监控设备，加油仪表板上有燃油传输装置仪表。客舱各座椅都配有通风口和阅读灯，舱内还备有扩大了容量的空调系统。

飞行中的ATR 72民航客机

动力装置

　　ATR 72飞机的动力装置为2台1611千瓦的PW124涡桨发动机，其改进型选用普惠PW127螺旋桨发动机。

ATR 72 民航客机起飞瞬间

ATR 72民航客机前侧方特写

▌▌▌★▷ 运输能力

　　ATR 72的翼展和机翼面积相比ATR 42均被加大，机身加长。座舱为2人制驾驶舱。客舱内可安排64、66或70座，高密度布局时可载客74名，排距分别为81厘米、79厘米、76厘米和76厘米。其油箱容量更大，航程更远。

ATR 72 民航客机的客舱

十秒速识

　　ATR 72采用直线形上单翼，机翼上安装两台发动机，采用后掠式双梁T形垂直尾翼和直线形水平尾翼。

ATR 72 民航客机侧方特写

欧洲空中客车 A300 民航客机

A300是欧洲空中客车公司研发的双发动机中短程宽体客机，它是世界上第一架双发动机宽体客机，也是空中客车第一款投入生产的客机。

基本参数	
机长	54.1 米
机高	16.54 米
翼展	44.84 米
空重	90900 千克
最高速度	878 千米 / 时
最大航程	7500 千米

研发历史

A300是空中客车公司在法、德、英、荷兰和西班牙等国政府支持下研制的双发动机宽体客机。1969年9月开始研制，1972年10月300B1原型机首飞，1974年5月交付使用。该机最初设计为单一舱等最多可载客300人，因此命名为"A300"。

A300 民航客机前侧方特写

机体构造

A300机身采用普通半硬壳结构，垂尾前、后缘和顶部整流罩、方向舵、平尾前缘和升降舵采用复合材料制造。空中客车公司在研制A300时采用了当时最新的技术，包括从"协和"超音速客机移植过来的技术。A300先进的超临界机翼具有较佳的经济性能和先进的飞行控制空气动力性。

A300所有客舱、货舱和航空电子舱均为增压舱。起落架为液压可收放前三点式，紧急情况下可靠重力放下，双轮式前起落架，四轮小车式主起落架。

A300 民航客机在高空飞行

电子设备

A300的飞行操控高度完全自动化，机师只有在紧急情况下才需以手动控制，其先进的自动飞行系统可以适应从起飞到着陆的全部过程，除此之外，A300还具有全电子传控刹车系统。

A300 民航客机的驾驶舱

动力装置

A300的动力装置为机翼下吊挂的两台涡扇发动机，每个机翼内有两个整体油箱，中央翼内有第五个油箱。来自发动机、辅助动力装置的压缩空气经输气管路分别供给反推力装置和空调系统。A300有三套独立的液压系统由发动机分别驱动，三套液压系统的压力可通过液压泵互相传递。辅助动力装置位于机体尾锥内。双发A300可以有不同的发动机备选，包括两台普惠JT9D-7R4H1涡扇发动机，单台推力249千牛；或两台PW4156涡扇发动机，单台推力249千牛；或两台通用电气公司CF6-80C2A1涡扇发动机，单台推力262.4千牛。

A300 民航客机起飞瞬间

运输能力

在同级别飞机中，A300具有最宽的机身横截面，宽度足以容纳8个座椅和两条走道，货舱可以并排放置LD3标准集装箱，而且比波音747安排更紧凑，空间利用率更高。同时，该系列飞机具有良好的燃油经济性，非常环保。A300客机载客量能够达到375人，其最大航程为7500千米。

A300 民航客机的客舱

A300采用宽体机身，机身截面呈圆形，带有翼翘的后掠式下单翼，翼下两侧分别有一台发动机，具有后掠式垂直尾翼和下置水平尾翼。

A300 民航客机后侧方特写

欧洲空中客车 A310 民航客机

A310是空中客车公司为与波音767竞争在空中客车A300基础上研制的200座级中短程双通道宽体客机。

研发历史

A310于1978年开始研制，最初研发代号为A300B10，相当于A300B的缩短型。经过重新设计采用了新的系统技术，命名为A310。1982年4月3日首架原型机试飞，1983年3月29日开始交付使用。A310和A300的市场表现保证了空中客车公司与波音公司的主要竞争对手地位。

基本参数	
机长	46.66 米
机高	15.8 米
翼展	43.9 米
空重	83100 千克
最高速度	850 千米／时
最大航程	9600 千米

A310 民航客机侧方特写

机体构造

　　A310与A300B的主要不同在于：其缩短了机身，标准载客量减少到200人。重新设计的稍小的高长宽比机翼，使用更小的尾翼。得益于空气动力学技术的进展，A310较小的机翼可获得更好的升力及性能，缺点是机翼载油量较小，航程能力受到限制。

A310 民航客机前侧方特写

⬛⬛⬛⭐ 电子设备

A310是第一架采用电子飞行仪表与驾驶舱中央电子飞行监视器的客机，驾驶舱主仪表板上有六个彩色多功能阴极射线管，四个用于电子飞行仪表系统，两个用于发动机性能参数显示。该型机率先实现双人机组体制，由自动飞行系统取代飞行工程师的工作。另一个创新是使用电子信号，取代以往由钢索操作的控制面板。

A310 民航客机的驾驶舱

⬛⬛⬛⭐ 动力装置

A310采用通用电气公司的CF6-80或普惠PW4000涡轮风扇发动机，最大燃油容量由200型的55200升增加到75470升。

A310 民航客机降落瞬间丶

运输能力

　　A310-300的巡航距离超越了所有A300家族的型号，所以A310系列被广泛用于跨越大西洋的航线。作为空中客车A300B的衍生型，A310与A300B的主要不同在于缩短了机身，同样的机身截面，增加了机身尾段内部空间，标准载客量为220人。

A310 民航客机的客舱

十秒速识

　　A310客机采用宽体机身，安装有带翼尖小翼的后掠式下单翼，翼下装置两台发动机，此外还采用后掠式垂直尾翼和下置水平尾翼。

A310 民航客机在高空飞行

欧洲空中客车 A320 民航客机

A320是空中客车公司研发的一款双发动机单通道中短程窄体客机。

▶ 研发历史

A320是空中客车公司与波音737和麦道
MD-80进行竞争的机型。该项目自1982年3月
正式启动，第一个型号是A320-100。1987年
2月22日首飞，1988年2月交付使用。1994年
A321投入运营服务，1996年A319投入运营服

基本参数	
机长	37.57 米
机高	11.76 米
翼展	34.1 米
空重	42400 千克
最高速度	878 千米 / 时
最大航程	5700 千米

务，2003年A318投入运营服务。截至2008年，A320系列的产量仅次于波音
737，是历史上销量第二的喷气式客机。

A320民航客机前侧方特写

▶ 机体构造

A320是第一款大量使用复合材料作为主要结构材料的窄体客机，也是
第一款带有集装箱货物系统的窄体飞机。A320系列客机包括A320、A321、
A319、A318，这四种机型具有相同的驾驶舱、相同的飞行操作程序、相同
的客舱截面和相同的系统。飞行员只要接受相同的飞行训练，就可驾驶四
种不同的客机。同时这种共通性设计也降低了维修的成本及备用航材的库
存，大大增强了航空公司的灵活性。

A320 系列民航客机

电子设备

　　A320是第一款应用全数字电传操纵飞行控制系统的民航客机，主仪表盘上六个可互换的液晶显示屏取代了过去飞机上众多的仪表刻度盘，便于接受信息并确保降低两名驾驶员的工作负载。同时采用侧置的操纵杆代替传统驾驶盘。A320主系统由截然不同的两个部分组成：其中一部分工作，另一部分通过各方面提供的数据监控操作。另外，有两台电脑负责执行飞行计划，还有四台分别监控发动机和机上其他系统的运转。

A320 民航客机的驾驶舱

A320 民航客机离地升空

运输能力

　　A320较宽的机身提供了足够大的货运能力，客舱舒适而宽敞是当前最受欢迎的150座级的中短程客机。A320能够提供集装箱货运装载系统，该系统与全球标准宽体飞机装载系统兼容，从而减少了地服设备，降低了装卸成本。该系列飞机具有的高可靠性进一步增强了营利性和为乘客提供服务的能力。

A320 民航客机的客舱

▌▌▌▌★◗ **十秒速识**

　　A320客机采用带有翼翘的后掠式下单翼，翼下挂有2台CFM56-5或IAE V2500涡轮风扇发动机，安装有后掠式垂直尾翼和下置水平尾翼。

A320 民航客机侧方特写

欧洲空中客车 A330 民航客机

A330是空中客车公司生产的双发动机、双通道中长程宽体客机，用于取代A300。

▌▌▌▌▷ **研发历史**

A330与A340是一个系列，1987年4月空中客车公司决定A330和A340两个型号作为一个计划同时上马。A330于1992年11月2日首飞，1994年交付使用。作为现役空中客车飞机中航程最远的双发飞机，A330在与波音767的竞争中占据了中级双发客机市场的主导地位。

基本参数	
机长	58.8 米
机高	17.4 米
翼展	60.3 米
空重	119600 千克
最高速度	871 千米 / 时
最大航程	12500 千米

A330 民航客机侧方特写

▌▌▌▌▷ **机体构造**

A330在航程和效益方面更加紧密地满足了市场需求，同时在结构、气动性能和系统方面继续运用了高水平技术。A330系列采用更轻、强度更高的金属合金和复合材料，可降低机身重量和提高飞机机体的寿命。A330的机翼为计算机控制的可变弯度翼型，机身和尾翼采用了大量铝锂合金和复合材料，铝锂合金用于机身结构、桁条等部件。主起落架为四轮小车式，前起落架为双轮式。

A330民航客机后侧方特写

电子设备

　　A330的驾驶舱为双人驾驶制，是由A320先进驾驶舱发展而来，采用侧杆操纵，主仪表板上有6个彩色多功能显示器，所有性能数据均为数字化显示。不仅装有飞行管理系统和电子飞行仪表系统，还增加了飞机重心管理系统。

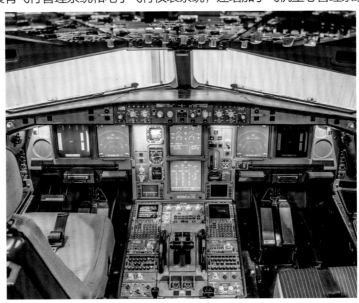

A330 民航客机的驾驶舱

动力装置

A330发动机由通用电气、普惠及劳斯莱斯三大发动机制造商提供。通用电气原先计划使用CF6-80C2于A330，然而后来的研究指出A330需要更大的推力来增加初始的动力输出能力，因此通用电气将CF6-80C2改为CF6-80E1。劳斯莱斯原先计划使用推力267千牛的Trent 600于A330，然而发生与通用电气一样的状况，因此劳斯莱斯同意设计一款专为A330发动机的Trent 700。普惠也签署了专为A330开发的PW4168发动机。

A330 民航客机正在起飞

运输能力

A330是能直飞机场位于海拔3500米以上的青藏高原航线的少数机种之一。其机翼在气动性能方面也进行了优化，确保了所有条件下最佳的起飞和着陆性能，提高了飞机在巡航速度飞行时的燃油效率。A330飞机在客舱的灵活性和舒适性方面进行了优化，载客量能够增加到440人。A330飞机提供了最大的运营灵活性以满足市场发展趋势，该机型能够满足不同运营商对客舱座位数和分级布局的各种需求，宽大的底舱提高了货运运营效益。

A330 民航客机的客舱

十秒速识

A330采用带翼翘的后掠式下单翼，翼下挂有两台发动机，具有后掠式垂直尾翼和下置水平尾翼。

A330 民航客机准备降落

欧洲空中客车 A340 民航客机

A340是空中客车公司首款四发动机长程客机，也是世界上第一款使用数字控制系统的民用飞机。

研发历史

1987年，A340与A330同时开始研发，两者都保留了A300/A310系列的机身截面设计优点，同时借鉴A320先进的航空电子技术。A340于1991年10月25日首飞，1993年3月15日交付使用。21世纪初，波音777远程型号的出现，加上燃油价格上升，航空公司开始倾向波音777，而A340的订单则逐年下降。

基本参数	
机长	63.6 米
机高	16.85 米
翼展	60.3 米
空重	129275 千克
最高速度	896 千米 / 时
最大航程	13700 千米

A340 民航客机在低空飞行

机体构造

A340和A330两种机型有很大的共通性，有85%的零部件可以互相通用，采用相似的机身结构，只是长度不同，驾驶舱、机翼、尾翼、起落架及各种系统都相同。机翼为计算机控制，计算机根据飞行时所处的高度和速度以及载荷情况，操纵飞机后缘襟翼来获得最佳翼型。A340机身和尾翼采用了大量铝锂合金和复合材料，尾翼、各操纵面、整流包皮、客舱地板均由复合材料制造。主起落架为四轮小车式，前起落架为双轮式。

A340 民航客机前方特写

电子设备

A340驾驶舱为双人驾驶制，是由A320先进驾驶舱发展而来，采用侧杆操纵，主仪表板上有六个彩色多功能显示器，所有性能数据均为数字化显示。除了装有飞行管理系统和电子飞行仪表系统外，还增加了飞机重心管理系统。A340装备了全数字化电传操纵飞行控制系统(fly-by-wire)，驾驶舱的核心技术是空中客车率先使用的电传操纵系统。新电子系统在提高操纵性和稳定性的同时还降低了驾驶员的工作负荷。

A340 民航客机的驾驶舱

动力装置

A340系列通过技术削减飞机维护成本，降低了飞机的重量并减少了燃油成本。该飞机配备四台发动机的布局可使航空公司有能力灵活制订远程和超远程航线计划，用以补充已有的飞机系列。A340所选用的发动机有CFM56和PW4000。发动机压缩比高，加大了进气道和进气量，提高了发动机推力。

A340 民航客机起飞瞬间

运输能力

A340最初设计目的是要在远程航线与波音747竞争，A340载客量较少，适宜远程客运量少的航线。A340客机是在役的航程最远的客机之一。通过与A330系列相结合，A340为客户提供了最高程度的运营灵活性和经济性。该型飞机宽大的底舱提高了货运效益。

A340 民航客机的客舱

十秒速识

A340采用宽体机身，装有带翼翘的后掠式下单翼，翼下挂有四台发动机，具有后掠式垂直尾翼和下置水平尾翼。

飞行中的 A340 民航客机

 # 欧洲空中客车 A380 民航客机

A380是空中客车公司研制并生产的四发动机550座级超大型远程宽体客机，其投产时是全球载客量最大的客机，有"空中巨无霸"之称。

研发历史

2000年12月，空中客车公司宣布执行投资88亿欧元的A3XX计划，并定名为"A380"（跳过了A350、A360和A370，以表技术飞跃之意）。该机于2005年4月27日首次试飞，2007年10月25日交付使用。A380

基本参数	
机长	72.72 米
机高	24.09 米
翼展	79.75 米
空重	276800 千克
最高速度	1002 千米 / 时
最大航程	15700 千米

打破了波音747在远程超大型宽体客机领域统领35年的纪录，成为了目前世界上载客量最大的民用飞机。

A380民航客机上方视角

机体构造

A380约25%由高级减重材料制造，其中22%为碳纤维混合型增强塑料(CFRP)，3%为用于民用飞机的GLARE(玻璃纤维增强铝材料)纤维-金属板。A380采用了复合材料碳纤维制成的连接机翼与机身的中央翼盒。此外，

A380还在后压力舱后部的后机身采用了复合材料。

A380民航客机底部特写

||||▷ 电子设备

　　A380客机采用双人体制，驾驶舱采用了最新式的交互式显示屏和由以太网连接的扩展性集成航空电子模块，有8个液晶显示器：包括两个主要飞航显示器、两个导航显示器、一个发动机参数显示器、一个系统显示器和两个多功能显示器，这两个多功能显示器为飞航管理系统提供操作界面。

A380 民航客机的驾驶舱

动力装置

　　A380可选配劳斯莱斯Trent 900或由通用电气及普惠联营的GP7200涡轮扇发动机。两款均为应用在波音777客机上发动机的衍生产品，Trent 900是Trent系列发动机的第四代产品，为满足A380需求而设计的发动机。GP7200使用了GE90的内核及PW4090的和劳斯莱斯涡轮扇及低压压缩机。

A380 民航客机在高空飞行

运输能力

　　A380是首架拥有四条乘客通道的客机，座椅和通道非常宽大。A380燃油的经济性比其直接竞争机型提高约13%，并显著地降低了噪声和废气排放。该机具备低空通场、超低空低速通场的能力，能够在中低空完成大仰角转弯、过失速速度和过失速仰角飞行、能够实施空中翻转，确保飞机遭遇鸟击、雷暴、大风等恶劣条件时的安全。巨大的机翼和侧旋尾翼可使飞机可以在动力全部失效以及燃油耗尽的情况下滑翔着陆。A380在典型三等舱(头等舱-商务舱-经济舱)布局下可承载555名乘客(其中上层机舱199人，下层客舱356人)，采用最高密度座位安排时可承载861名乘客。

A380 民航客机的经济舱

十秒速识

A380采用双层客舱机身，采用带翼翘的后掠式下单翼，翼下分别挂有两台发动机，具有掠式高垂垂尾翼和下置水平尾翼。

A380 民航客机前方特写

巴西 EMB-120 "巴西利亚" 民航客机

　　EMB-120 "巴西利亚" 是巴西航空工业公司研制的一款双发涡轮螺桨支线客机。

研发历史

　　基于EMB-110的成功及30座支线客机需求的增长，巴西航空工业公司在1979年9月正式展开EMB-120 "巴西利亚" 的研发。原型机于1983年7月27日首飞，1985年10月投入服务，首个客户是大西洋东南航空。

基本参数	
机长	20 米
机高	6.35 米
翼展	19.78 米
空重	7070 千克
最高速度	552 千米 / 时
最大航程	1750 千米

EMB-120 民航客机在高空飞行

⭐ 机体构造

　　EMB-120采用低翼设计，机身采用半硬壳设计，机翼、襟翼、垂直尾翼、水平尾翼、机鼻和机尾采用少量复合材料构造，左、右副翼和每升降舵均装有调整片。起落架采用液压可收放前三点式，双轮结构，使用油气式减震器；均向前收起(主轮收入发动机短舱)，前轮可转弯操纵。

EMB-120 民航客机侧下方特写

ⅢⅢ▶ 电子设备

　　EMB-120驾驶舱的电子设备由美国罗克韦尔·柯林斯公司提供，采用Pro Line数字式电子装置，包括两个VHF-22通信电台、两个VIR-32甚高频导航接收机、一个ADF-60A无线电罗盘、一个TDR-90应答机、CLT-22/32/62/92操纵杆把手、一台DME41测距器、一台WXR-270气象雷达、两套AHRS-85数字式捷联姿态/航向参考系统、两套ADF-84姿态航向指示器、两套EHSI-74电子航迹罗盘、两套RMI-36天线电磁指示器、一套DMELT-81应急定位发射机、两套Avtech音频/机内通话器、Avtech PA和客舱内通话器、Fairchild录音器和J.E.T备用姿态指示器。

EMB-120 民航客机的驾驶舱

ⅢⅢ▶ 动力装置

　　EMB-120所配置的发动机由普惠公司提供，采用四叶片的PW115，单台起飞和最大连续功率为1342千瓦。每侧机翼内有两个整体油箱，总油量3340升，可用油量3308升，右机翼外侧下翼面有单点压力加油口，每侧机翼上表面有重力加油点。

EMB-120 民航客机正在起飞

运输能力

EMB-120的特点是价格便宜、机载设备先进、使用维护费用低,曾是国际支线客机市场上的热销产品。客舱采用"2+1"座位排列设计,有舱顶行李架、座舱空调并增压,载客量为30人。增压行李舱在客舱后部,左侧有1个大货舱门,可改成全货运

EMB-120 民航客机的客舱

型、行政型或军用运输型,最高航程能够达到1750千米,被誉为"巴西航空工业最成功的螺旋桨客机"。

十秒速识

　　EMB-120机身呈圆形截面，采用悬臂式下单翼，翼下有两台发动机，机翼是单个连续的三梁破损安全结构，与机身下部隔框相连，尾面也是三梁的。

EMB-120 民航客机前侧方特写

荷兰福克 F50 民航客机

福克F50为荷兰福克公司研发的一款双发涡轮螺旋桨支线客机。

基本参数	
机长	25.25 米
机高	8.32 米
翼展	29 米
空重	12250 千克
最高速度	530 千米 / 时
最大航程	2055 千米

研发历史

F50于1983年11月底开始研制，1985年12月28日首次试飞，1987年7月交付澳大利亚安塞特航空公司使用。按1993年市值计算，飞机的单价为1230万美元。之后，福克公司继续发展加长型—福克50-200，可乘坐68名旅客，1994年交付使用。

F50民航客机前侧方特写

机体构造

F50的外形尺寸与F27基本相同，采用了F27经过考验的机体，但在布局上作了改进，结构也作了修改，如将旅客登机门改到了前机身左侧，去掉了大的货舱门，增加了客舱窗户。机身采用全金属应力蒙皮破损安全结构，由胶接的圆柱段和铆接的锥形段组成。机头锥、整流罩、前起落架舱门、检查口盖和客舱地板采用了复合材料。起落架采用可收放前三点式起落架。前、主起落架均为双轮。主起落架固定在机翼下，液压操纵向后收入发动机短舱后部；前起落架向前收入机头锥内。

F50 民航客机前侧方特写

 电子设备

F50驾驶舱有两套霍尼韦尔公司的EDZ-806电子飞行仪表系统(配有提供主要飞行和导航信息的阴极射线管显示器)以及为中央多功能显示器准备的空间。标准电子设备包括：霍尼韦尔公司的具有I类着陆能力的SPZ-600自动飞行控制系统和FZ-500双重飞行指引仪系统；本迪克斯公司的两套III系列甚高频通信设备，一套III系列无线电罗盘，一套测距设备(包括频率稳定设备)，III系列空中交通管制应答器；霍尼韦尔公司的Primus P-650气象雷达(在电子飞行仪表系统上有两套显示装置)等。

F50 民航客机的驾驶舱

动力装置

　　F50飞机有两台普惠公司的PW125B三转子涡桨发动机。发动机有两级串列式离心压气机，每级由自身的单级涡轮驱动。发动机单台起飞功率1864千瓦。燃油装在发动机短舱外侧机翼中梁盒两根梁间的两个结构油箱内，总油量为5136升。发动机进气口、螺旋桨桨叶和整流罩用电除冰。

F50民航客机侧方特写

运输能力

　　F50民航客机有两名机组人员，标准客舱布局为50座，采用中央过道，每排4座，排距81厘米；46座行政机型，排距86厘米；56座旅游型或58座高密度型，排距均为76厘米。该机可乘坐68名旅客，最高航程能够达到2055千米。

F50 民航客机的客舱

F50采用悬臂式上单翼，无后掠角。垂尾为悬臂式全金属主结构以及固定安装角平尾。

F50 民航客机前方特写

Chapter 3
民用货机

　　民用货机是指以包机或定期航班的形式专门运输货物的飞机。专门为货运而设计的民用飞机很少，大多数民用货机都是由客机改装而成，很多干线飞机都有专门的货机型号。

美国波音 747-400LCF 货机

波音747-400LCF是波音公司设计的特殊大型货机，主要用途是运输波音787客机的零部件去各部门进行组装。

 研发历史

LCF是因应波音787客机的生产而衍生出的产品，由747-400型客机改造而来。早在2004年，波音公司就已经完成了波音747-400 LCF的设计。该机于2006年9月首次试飞。截至2010年，共生产了4架。

基本参数	
机长	71.68 米
机高	21.54 米
翼展	64.4 米
空重	180530 千克
最高速度	878 千米 / 时
最大航程	7778 千米

747-400 LCF 货机前侧方特写

机体构造

747-400 LCF货机是在波音747-400客机的基础上改进而来的，除了在机体上的大幅修改外，机翼设计也有小幅改变。747-400 LCF的机翼原本仍保持747-400的形状，但试飞后数据显示安装有翼尖小翼会造成不规则扰动，最终波音决定移除翼尖小翼。此外，747-400 LCF的货舱容量比747-400大3倍（1845立方米），垂直尾翼则增加1.5米以提升操纵性能，机尾则增加了3米。与一般大型货机经常采用的"掀罩式"货舱门不同，在装卸货物时波音747-400 LCF的货舱门是以横向方式开启，让波音787的大型零组件能够简单而迅速地装卸，缩短生产线时间。

747-400 LCF 货机在停机坪上

▎▎▎▎▶ ★ 电子设备

波音747-400LCF的数字化驾驶舱使用数字式航空电子仪表和彩色多功能显示器，配备了6台大型CRT显示屏。

飞行中的波音 747-400LCF 货机

▎▎▎▎▶ ★ 动力装置

波音747-400LCF采用四台涡扇发动机，可选装普惠公司4000系列PW4062发动机或通用电气公司CF6-80系列 CF6-80C2B5F发动机或劳斯莱斯RB211系列 RB211-524H发动机。

正在起飞的波音 747-400LCF 货机

▧▧▧▶ 运输能力

　　波音747-400LCF主要用于载运波音公司新研发的"787梦想飞机"（787 Dreamliner）在世界各地制造的如机身、机翼等大型复合材料组件运回波音美国华盛顿州埃弗里特工厂完成最终组装。经过改装后的747-400LCF，装载容积为1845立方米，比原747货机的容积大约三倍。747-400LCF采用全世界首创的机尾横向开启设计，使日后装卸大型复合材料组件更为快速、方便。

波音 747-400LCF 货机侧方特写

▧▧▧▶ 十秒速识

　　747-400LCF货机机翼移除翼尖小翼，机身有大的隆起部分。

波音 747-400LCF 货机后侧方特写

美国波音 757-200PF 货机

波音757-200PF是波音757系列中的货机型，于1987年9月开始交付使用。

研发历史

波音757是波音公司开发的中型单通道窄体民航客机，用于替换波音727，并在客源较少的航线上作为波音767的补充。1983年，波音757开始投入服务。1985年，美国联合包裹公司（UPS）订购货机版本后，波音公司开始制造757-200PF货机版。除此之外，还有波音757-200SF特殊货运型、757-200M客货混合型。

基本参数	
机长	47.32 米
机高	13.56 米
翼展	38.05 米
空重	85300 千克
最高速度	870 千米 / 时
最大航程	7275 千米

波音 757-200PF 货机后侧方特写

✶ 机体构造

　　虽然T形尾翼拥有风阻小的优点，但因为容易使飞机失速，最终757-200PF的设计仍使用传统的垂直尾翼。757-200M客货混合型，保留了标准客舱和客舱其他设备，货舱与757-200PF相同，仅生产一架于1988年交付尼泊尔航空公司使用。

波音 757-200PF 货机侧方特写

⫸ 动力装置

波音757-200PF采用劳斯莱斯RB211系列发动机，由于采用两台高涵道比发动机并实行两人驾驶制，与早期采用三人驾驶制、装四台发动机的标准机身货机，波音757-200PF货机的制造成本较低。

波音757-200PF货机后侧方特写

⫸ 运输能力

波音757-200PF货机最大起飞重量为113400千克，在最大荷载的情况下，其航程约为7275千米。

波音 757-200PF 货机正在降落

十秒速识

波音757-200PF没有乘客舷窗和舱门，机身前侧增加了一个大型货舱门，采用垂直尾翼。

波音 757-200PF 货机侧下方特写

美国波音 767-300F 货机

波音767-300F是波音767系列中的货机型号，于1995年投入使用。

研发历史

基本参数	
机长	54.9 米
机高	5.41 米
翼展	47.6 米
空重	86180 千克
最高速度	851 千米 / 时
起飞滑跑距离	2621 米

虽然波音767的机身宽度不足，限制了它在全货机的发展。但在1993年，美国联合包裹服务公司（UPS）一次性订购了30架货运型，即767-300F。该机于1995年6月首飞，同年10月投入运营。其他航空公司也少量购买了波音767-300F，包括全日空、智利航空、韩亚航空等。截至2007年3月为止，波音767-300F共收到83架订单。

波音767-300F货机前侧方特写

机体构造

波音767-300F货机比波音767-200加长了6.43米，载客能力增加了20%，货舱容积也增加了31%。加强了机身中段和起落架。

波音 767-300F 货机在高空飞行

动力装置

波音767-300F拥有两台涡轮风扇发动机（普惠JT9D或通用电气CF6）及常规尾翼和超临界机翼，有效减少了飞行中的空气阻力。

波音 767-300F 货机侧方特写

运输能力

波音767-300F货机的主舱货柜容量为336.5立方米，底层货舱为117.5立方米，在满载50吨货物的时候可飞行6000千米。

飞行中的波音767-300F货机

十秒速识

波音767-300F采用垂直尾翼，机身中部翼下分别装有一台发动机。

波音767-300F货机侧下方特写

美国波音 767-300BCF 货机

波音767-300BCF是波音公司为了延长767飞机的服务时间而提出的货机改装计划。

研发历史

由于波音787投产后，预期会有大量的波音767被淘汰。为了协助客户处理手上的767客机，波音公司于2005年宣布启动"767-300改装货机"计划，即767-300BCF。波音于2005年11月1日宣布全日空为首家767-300BCF客户，签约改装3架767-300型客机并保留四架选择权。第一架767-300BCF于2007年至2008年年初交付。

基本参数	
机长	61.4 米
机高	5.03 米
翼展	51.82 米
空重	103872 千克
最高速度	860 千米 / 时
起飞距离	2600 米

飞行中的767-300BCF

机体构造

波音767-300BCF由现有的767客机改装而来，机身左侧前方将加开一道货舱门，地板及机身结构被加强，加设货物搬运系统、地面嵌板、货舱轨道、墙壁及天花板布置等。

767-300BCF 正在装载货物

运输能力

改装后的767-300BCF拥有54吨的载重量及5390千米的最大航程，等同于1架767-300F货机。

波音 767-300BCF 前方特写

波音 767-300BCF 前侧方特写

十秒速识

767-300BCF是基于767-300ER改装的货机，带侧货舱门。

767-300BCF 侧方特写

美国道格拉斯 DC-10-30F 货机

DC-10原为道格拉斯公司设计生产的一款双发宽体客机，后因销售不畅改为了全货运输机。

基本参数	
机长	55.5 米
机高	17.7 米
翼展	47.3 米
空重	108940 千克
最高速度	908 千米 / 时
最大航程	6080 千米

研发历史

20世纪80年代以后，伴随着石油危机的到来，以及空中客车A300的问世，相对耗油的道格拉斯DC-10逐渐丧失订单。后来，DC-10凭借三发动机在最大起飞重量上的优势，被改装成全货机用途，型号为DC-10-30F。DC-10-30F于1986年1月交付使用，共获9架订单，于1988年10月交付使用。

DC-10-30F 货机后方特写

机体构造

DC-10-30F机身前部增加了一个3.56米×2.59米的大型货舱门，并对机身进行了加强。货舱内可铺设装货滚珠、滚棒系统，装货导轨可调节。

DC-10-30F 货机侧方特写

DC-10-30F 货机正在起飞

运输能力

　　DC-10-30F飞机除不能载客外，其他特点均同于DC-30CF客货型。采用三台CF6-50C2涡扇发动机，载货80282千克，可飞远程国际航线。主货舱可装载23个标准集装箱或51个小型集装箱，下层货舱可装散装货物，机尾还有小型货舱。

DC-10-30F货机前侧方特写

▌▌▌▶ ★ 十秒速识

DC-10-30F属于纯运输机，不带舷窗，机身中部两侧翼下分别装有一台发动机，机身后部上方也安装有一台发动机。

DC-10-30F 货机在海上飞行

欧洲空中客车 A300-600/600R 货机

A300-600/600R是欧洲空中客车公司A300系列中的货机型号。

研发历史

　　A300是世界上第一架双引擎宽体客机，也是空中客车公司第一款投入生产的客机。空中客车公司凭借A300的声誉，以其为基础发展出了A310、A330及A340等众多型号的客机。之后，空中客车公司开始向货机进军，并推出了A300-600/600R。

基本参数	
机长	54.1 米
机高	16.54 米
翼展	44.84 米
空重	90900 千克
最高速度	800 千米/时
最大航程	7500 千米

A300-600 货机准备降落

▓▓▓▷ ★ 机体构造

A300-600/600R于1988年投入使用，驾驶舱由A300的三人控制改为二人控制，机身相比A300来说有所缩短，并且改用新设计的高长宽比机翼，缩小尾翼尺寸。机身采用普通半硬壳结构，截面呈圆形，主要部件由高强度铝合金、钢或钛合金制造，高应力部位采用整体机加壁板蒙皮，其余部分为蜂窝壁板和复合材料。起落架采用液压可收放前三点式，紧急情况下可靠重力放下，双轮式前起落架向前收入机身，四轮小车式主起落架向内收入机身。

A300-600/600R 货机前侧方特写

电子设备

A300-600/600R货机驾驶舱主仪表板上有六个彩色多功能显示器，四个用于电子飞行仪表系统，两个用于发动机性能参数显示。一套数字化自动飞行操纵系统。机上还安装了一套ARINC717数据记录系统。自动着陆系统可提供II类气象条件下自动进场和着陆功能。

跑道上的 A300-600/600R 货机

动力装置

A300-600/600R的发动机通常为通用电气公司的CF6-80发动机，或者普惠公司的PW4000发动机。尾部还有一个容量为6100升的油箱，右翼后面有两个压力加油口。需要时，可选用左翼相对应部位的两个备用加油口。

A300-600/600R 货机侧方特写

十秒速识

　　A300-600/600R货机机身较短，采用悬臂式中单翼，尾翼较小，所有翼面均后掠。

A300-600/600R 货机前侧方特写

欧洲空中客车 A300-600ST 货机

A300-600ST "大白鲸" 是用来运送新型飞机部件的特殊用途货机。

研发历史

空中客车公司是一个多国合组的公司，该公司研发的新型飞机的部件，都分散在各国分厂中，要将这些部件全部运输到总厂，才能进行组装。A300-600ST即用于此类运输。

基本参数	
机长	56.15 米
机高	17.24 米
翼展	44.84 米
空重	86000 千克
最大起飞重量	155000 千克
最大航程	4632 千米

空客 A300-600ST 货机侧方特写

机体构造

A300-600ST拥有一个圆筒状上段机身，为了配合机身加大后造成的空气力学改变，原本A300-600/600R货机的垂直尾翼与水平尾翼都加大了面积，并且在水平尾翼末端增加两个垂直小翼以提升飞行时的稳定性。为了方便大型货物的进出，A300-600ST采用大型货机常用的"掀罩式"机首，可以向上掀开67.25度。此外，A300-600ST的驾驶舱相比A300-600/600R而言往下移了许多，变成一个很奇特的"尖鼻"模样。

空客A300-600/600R货机前方特写

动力装置

　　A300-600ST货机的动力来源是两台通用电气公司出品的CF6-80C2A8型涡扇发动机，最大燃油量达42680升。

空客 A300-600ST 货机准备起飞

运输能力

　　A300-600ST是一种用来运送飞机半成品的特殊用途货机，拥有容积超大的货舱，其1400立方米的货舱中最多可以装载47吨的业载，不经停飞行1666千米。还能在搭载31吨沉重业载的情况下飞越大西洋。由于其无可匹敌的巨型货舱体积，A300-600ST货机一直服务于航空航天、军事和其他超大型货运市场，运送各种各样的货物。

空客 A300-600ST 货机正在装运货物

||||▶ 十秒速识

A300-600ST货机采用后掠式下单翼，加长了垂直尾翼，水平尾翼两端安装垂直安定面。机头前上方安装巨大的抓斗式前货舱门，机头位置下移。

A300-600/600R 货机前侧方特写

★ 欧洲空中客车 A330-200F 货机

空客A330-200F是空中客车A330系列中的全货机型号。

研发历史

A330-200F货机是空中客车A330系列飞机家族的新成员，主要用于替换50吨～70吨级的老旧中型货机，还可以帮助航空公司增加在一些低频远程货运市场的运输能力。自项目推出以来，A330系列飞机在全球的订单超过了800架，现役飞机超过了490架。

基本参数	
机长	58.8 米
机高	16.9 米
翼展	60.3 米
空重	109000 千克
最高速度	871 千米 / 时
最大航程	7400 千米

空客A330-200F货机在高空飞行

机体构造

A330-200F可以在主货舱并排安装23个货盘，或者采用其他的布局方式：比如单排安装16个货盘、9个AMA集装箱，同时下层货舱还可以安装8个下层货舱货盘和2个LD3集装箱。

空客 A330-200F 货机侧方特写

运输能力

A330-200F是目前唯一一种新推出的中型货机，在选用"航程模式"时，航程可达7400千米，可以运载69吨货物。在选用"业载模式"时，可以运载70吨货物，航程可达5930千米。与竞争机型相比，A330-200F拥有更好的布局灵活性，航程更远，运载货物更多。

空客 A330-200F 货机后侧方特写

正在飞行的空客 A330-200F 货机

IIIIII⭐ **十秒速识**

空客A330-200F采用带翼翘的后掠式下单翼，后掠式垂直尾翼和下置水平尾翼。

空客 A330-200F 货机上方视角

Chapter 4
公务机

公务机是在行政事务和商务活动中作为交通工具的飞机，也称行政机或商务飞机。公务机一般为9吨以下的小型飞机，可乘4~10人。

美国豪客800公务机

豪客800（Hawker 800）公务机是美国豪客比奇公司生产的中型喷气式公务机。

研发历史

豪客800公务机的诞生可以追溯到英国德·哈维兰公司研制的德·哈维兰125型公务机。英国宇航公司对其进行了改进，并更名为BAe 125-700公务机。之后，又推出了BAe 125-800公务机。1993年，英国宇航公司将喷气式公务机部门出售给美国雷神飞机公司，BAe 125-800公务机更名为豪客800公务机。2007年3月，雷神飞机公司被高盛资本收购，更名为豪客比奇公司。自此，豪客800系列公务机改由豪客比奇公司生产。该机有豪客800、豪客800XP、豪客800XPi、豪客850XP和豪客900XP等多种型号。按2012年市值，每架豪客900XP公务机的造价为1607万美元。

基本参数	
机长	15.6 米
机高	5.5 米
翼展	16.5 米
空重	7108 千克
最高速度	830 千米 / 时
最大航程	4893 千米

豪客 800 公务机在夜间起降

机体构造

　　豪客800公务机有传统的飞机外形,机身、机翼及飞行控制面都在英国制造,再运送至豪客比奇飞机公司在美国堪萨斯州威奇托的工厂进行总装、内装、试飞及交机。该机的客舱长6.5米、宽1.83米、高1.75米,内饰较为精美,座椅舒适度较高。豪客800公务机配备了双轮胎起落架,可提供更高的稳定性。

豪客 800 公务机的客舱

动力装置

豪客800公务机装有两台霍尼韦尔TFE731-5BR型涡轮风扇发动机，单台最大推力为20.7千牛。在最大起飞重量、海平面、标准大气压条件下，起飞距离为1534米。1993年，非洲有一架豪客800公务机被导弹击中右侧发动机，造成发动机在空中脱落，飞机的机身及襟翼同时被机枪扫射，但飞机最后仍安全地降落。当时雷神飞机公司曾将这起航空意外事故作为豪客800公务机的宣传例证。

豪客 800 公务机在降落

豪客 800 公务机在低空飞行

运输能力

豪客800公务机保留了传统豪客飞机"满油、满座、满载"的能力，在典型的乘客/行李负荷下，有着较高的航程和较大的商载。该机有2名机组人员，正常情况下搭载8名乘客，特殊情况下最多可搭载13名乘客。该机的客舱容量较大，这意味着乘客有更多的头部和脚部空间。

豪客800公务机侧面视角

十秒速识

豪客800公务机采用下单翼和单垂尾布局，配备翼尖小翼。机身中部两侧设有舷窗，机身后部两侧各有一台喷气式发动机。

豪客 800 公务机侧后方仰视图

美国豪客 4000 公务机

豪客4000（Hawker 4000）公务机是美国豪客比奇公司研制的一款超中型喷气式公务机，是豪客系列公务机的旗舰机型。

研发历史

豪客4000公务机原名"豪客地平线"（Hawker Horizon），2001年首次试飞。该机以先进的后掠翼设计、复合材料机身和划时代的航空电子设备，在公务机领域确立了一种全新的"超中型"级别。2008年6月6日，豪客4000公务机取得美国联邦航空局合格证，成为世界上第一架取得美国联邦航空局合格证的复合材料超中型公务机。2008年9月，因其卓越的性能和悠久的品牌，豪客4000公务机被美国《罗博报告》杂志评为年度"极品之选"品牌之一。按照2012年的市值，每架豪客4000公务机的造价为2291万美元。

基本参数	
机长	21.08 米
机高	5.97 米
翼展	18.82 米
空重	10104 千克
最高速度	893 千米 / 时
最大航程	6100 千米

豪客4000公务机准备降落

　　豪客4000公务机的机身采用全复合材料，这种材料比铝合金的重量更轻，强度更高，并具有出色的空气动力特性，以及高度抗疲劳和抗腐蚀性。该机的客舱高1.83米、宽1.97米。平整的地板贯穿整个客舱，通向容积为2.51立方米的行李舱，行李舱在飞行中和在地面上均可自由出入。豪客4000公务机采用标准的8座布局，配置了真皮行政座椅。客舱内饰基于广泛的装饰材料，完全客户个性化。

豪客 4000 公务机的客舱

电子设备

豪客4000公务机的驾驶舱采用完整的霍尼韦尔"普里默斯"系统，该系统是在与波音777客机相同的先进航空电子系统基础上发展而来，带有数字CNS无线电系统和5面高清液晶显示屏。该机还有改进的态势感知系统和飞行管理系统，并由实时监控系统支持。

豪客4000公务机前方仰视图

动力装置

豪客4000公务机装有两台普惠加拿大公司的PW308A涡轮风扇发动机，这种发动机可靠耐用，即使在高速巡航时也能安全运转。在最大起飞重量条件下，豪客4000公务机可以在20分钟内从海平面直接爬升至12497米高度。

豪客4000公务机侧面视角

运输能力

豪客4000公务机有2名机组人员，正常情况下搭载8名乘客，特殊情况下最多可搭载14名乘客。该机搭载8名乘客时最大航程可达6100千米，由于装备了双套惯性导航系统、双套空气循环机和标准装备液压驱动的备用发电机，非常适合进行长航程的本土和洲际旅行。豪客4000公务机不仅飞行速度快，还拥有同级别飞机领先的跑道性能。在海平面及国际标准大气条件下以最大起飞重量17000千克起飞时，豪客4000公务机对跑道长度的要求仅为1374米。如需短距着陆，跑道长度仅为762米。

豪客 4000 公务机起飞瞬间

十秒速识

豪客4000公务机采用后掠式下单翼和单垂尾布局，机身中部两侧设有舷窗，机身后部两侧各有一台喷气式发动机。

豪客 4000 公务机侧面仰视图

美国湾流 G200 公务机

湾流G200（Gulfstream G200）公务机是美国湾流飞机公司生产的超中型公务机，也是目前世界上最豪华的公务机之一。

基本参数	
机长	18.97 米
机高	6.53 米
翼展	17.7 米
空重	8709 千克
最高速度	900 千米 / 时
最大航程	6300 千米

研发历史

1958年，美国格鲁曼公司推出专为商务应用设计的第一架公务机，即湾流Ⅰ公务机。1966年，湾流Ⅱ公务机出厂，占领了大型座舱公务机市场。1973年，阿伦·保尔森以200万美元的价格从格鲁曼公司购买了湾流飞机的生产线并接管了湾流各项计划，湾流飞机公司正式诞生。随后，湾流飞机公司先后研制生产了湾流Ⅲ、湾流Ⅳ、湾流Ⅴ，以及湾流G100、湾流G200等机型，扩大了湾流公务机的生产规模。其中，湾流G200公务机于1997年12月首次试飞，1999年开始投入运营。

湾流G200公务机侧前方仰视图

机体构造

湾流G200公务机的机身由前机身段、中机身段、油箱段和后机身段组成，大部分采用铝合金材料。机头采用玻璃/环氧树脂材料，内有"诺梅克斯"蜂窝夹层结构，航电设备舱口盖由碳纤维制成。尾锥内设置有辅助动力装置。该机采用带翼梢小翼的悬臂式下单翼，前缘内段后掠角增至34.5度。机翼前缘为铝合金材料，小翼采用玻璃纤维复合材料及蜂窝夹层结构壁板。翼身整流罩的材料和结构与小翼类似。

　　湾流G200公务机采用液压可收放前三点式起落架，均为双轮并带有油气减震器。主起落架上带有拖拽臂，向内收起；前起落架向前收起。主轮带有多盘式液压防滑刹车系统，应急时使用压缩氮气刹车。前轮可电液驱动转向，在使用方向舵脚蹬操纵时可转向±3度，手动操作时可转向±60度，地面牵引时可转动±100度。

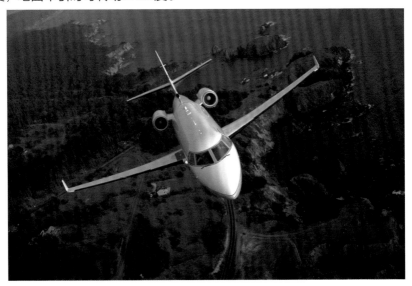

湾流 G200 公务机俯视图

电子设备

　　湾流G200公务机配备了美国罗克韦尔·柯林斯公司的ProLine 4航空电子系统，各种飞行数据由1块7.25英寸的液晶显示屏显示，阅读更方便，操作更简单。该机装有彩色多普勒天气雷达、震荡探测系统、空中交通预警及防撞系统、增强型近地警告系统与风切变检测系统，这些设备大大增加了飞行安全性。此外，为减少飞行员的工作量，湾流G200公务机还具有了可选配的自动油门系统。

湾流 G200 公务机的驾驶舱

动力装置

　　湾流G200公务机安装有两台普惠加拿大公司的PW306A涡轮风扇发动机，单台最大推力为26.9千牛。机内共有7个油箱，总燃油量为8532升。在最大起飞重量条件下，湾流G200公务机的起飞距离为1853米，而当它执行大约4630千米的洲际任务时，它的起飞距离仅为1524米，这使它能够轻松使用二三线城市的中小型机场，为公务出行带来了极大的便利。

湾流 G200 公务机起飞瞬间

运输能力

湾流G200公务机的客舱可容纳8～10名乘客，即使身材高大的乘客也可以轻松穿梭于舱内。该机有三种布局方式，公务8人（Executive 8）布局可以乘载8名乘客，通过一前一后两组4座俱乐部式座椅组合为乘客带来最大的活动空间和行李存储空间。大众9人（Universal 9）布局可以乘载9名乘客，带有面向前方的4座俱乐部式座椅组合。后座组合是一对面对面的2座座椅和一个3座的无靠背长沙发椅。经典10人（Hallmark 10）布局可以乘载10名乘客，机舱前部是面向前方的4座俱乐部式座椅组合，机舱后部是4座会议座椅组合和一个无靠背的2座沙发椅。

湾流 G200 公务机的客舱

十秒速识

湾流G200公务机采用悬臂式下单翼和悬臂式尾翼，主翼带有翼梢小翼，平尾布置在垂尾中下部。两台喷气式发动机装置在机身尾部。

停机坪上的湾流 G200 公务机

美国湾流 G280 公务机

湾流G280（Gulfstream G280）公务机是美国湾流飞机公司生产的超中型喷气式公务机。

基本参数	
机长	20.3 米
机高	6.5 米
翼展	19.2 米
空重	10954 千克
最高速度	1029 千米／时
最大航程	6667 千米

研发历史

湾流G280公务机是湾流G200公务机的改进型，继承了湾流公务机的良好传统，集优越的性能、舒适度、安全性和性价比于一身。湾流G280公务机最初称为湾流G250公务机，湾流飞机公司于2008年10月正式对外公布研发计划，原型机于2009年12月首次试飞。2011年7月，更名为湾流G280公务机。2012年9月，湾流G280公务机取得美国联邦航空局合格证。

更名前的湾流G280公务机

机体构造

湾流G280公务机在湾流G200公务机的基础上进行了较大的改进设计，开始采用湾流机型常见的T形尾翼，加大、加宽机身，改善客舱舒适度，并选用高性能涡轮风扇发动机。湾流G280公务机配备了带有真空功能的洗手间，这不仅可减少水资源的浪费，更能大幅度降低异味。

湾流G280公务机前方仰视图

电子设备

湾流G280公务机配备了PlaneView 250驾驶舱，驾驶舱内管理系统性能卓越，湾流标志性的光标控制配件等配置大大加强了飞行员和飞机上电子设备的互动效率，并降低了飞行员的工作量。此外，湾流G280公务机还提供了数个先进航电系统选项。其中增强视觉系统能精准地捕捉飞机周围环境的图片，使飞行员能在夜间甚至在天气恶劣的环境下清晰地辨别跑道上的标识、指示牌和复杂的地形，从而大幅度确保了起飞和着陆的安全性和准确性。

湾流 G280 公务机侧前方视角

动力装置

湾流G280公务机安装有2台推力强大的霍尼韦尔HTF7250G型涡轮风扇发动机，并在机翼设计上引进了最先进的技术，大幅度提高了飞机的爬升能力。在最大起飞重量条件下，湾流G280公务机可以在20分钟内直接爬升至12496米的高度。超强的配置还可以让湾流G280公务机在恶劣的气候条件下起飞。

湾流 G280 公务机在低空飞行

运输能力

湾流G280公务机的客舱空间较大，有公务8人（Executive 8）、大众9人（Universal 9）和经典10人（Hallmark 10）三种布局方式。舱内的空气净化系统能为乘客带来新鲜的空气，而19扇大型舷窗能为乘客的舱内办公和休闲带来充足的阳光。

湾流 G280 公务机的客舱

▌▌▌▌▶ 十秒速识

　　湾流G280公务机采用下单翼和T形尾翼，舱门在机身前部左侧。机身左侧有9个舷窗，右侧有10个舷窗。机身后部两侧各装置一台喷气式发动机。

湾流 G280 公务机起飞瞬间

美国湾流 G650 公务机

湾流G650（Gulfstream G650）公务机是美国湾流飞机公司生产的喷气式公务机。

基本参数	
机长	30.41 米
机高	7.72 米
翼展	30.36 米
空重	27442 千克
最高速度	982 千米 / 时
最大航程	12960 千米

研发历史

湾流飞机公司于2005年5月展开湾流G650公务机的研制计划，2008年3月首次向公众披露，并在媒体会上称湾流G650公务机是湾流飞机公司最大、最快也是最贵的公务机。2009年11月25日，湾流G650公务机首次试飞。2011年4月，1架湾流G650公务机在测试中坠毁，于是所有湾流G650公务机被迫停飞。直至同年5月28日，结果查明并非飞机本身原因导致飞机坠毁才又开放测试。2012年9月，湾流G650公务机得到了美国联邦航空管理局签发的飞行许可。

湾流G650公务机左侧视角

机体构造

为了使内部空间更为充裕，湾流飞机公司将湾流G650公务机的机身截面设计成椭圆形，而非传统的圆形。其客舱宽约2.59米，高约1.96米，两侧共有16个舷窗。机舱由金属制造，而尾翼、翼梢小翼、后压力舱壁、发动机整流罩、客舱地板结构则大量采用复合材料制造。湾流G650公务机完全采用线传飞控系统，所以在驾驶舱到机翼、尾翼之间没有机械控制的装置，而机身各个活动的部件由两套独立的液压系统控制。

湾流G650公务机在高空飞行

电子设备

湾流G650公务机配备了增强视觉系统、平视显示系统、合成视觉主飞行显示器、三层式飞行管理系统和三维天气雷达等先进的电子设备，提高了飞机的安全性。

湾流 G650 公务机的驾驶舱

动力装置

湾流G650公务机安装有2台劳斯莱斯BR725涡轮风扇发动机，单台最大推力为71.6千牛。该机的飞行速度和航程在同级别飞机中名列前茅，能够从芝加哥直飞上海，从洛杉矶直飞悉尼，或者从纽约直飞迪拜而途中不需要降落加油。此外，该机的重量较轻，能避开繁忙的大型机场，在小型机场降落，以节约客户的时间。

湾流 G650 公务机在低空飞行

运输能力

湾流G650公务机有2名机组人员，客舱空间较同类飞机更长、更宽，可同时容纳18名乘客。该机配备了厨房和独立通风的洗手间，舱内气压适宜，即使在高空中，乘客感觉也会相当舒适。湾流G650公务机还有多种娱乐设计，包括卫星电话、无线互联网等，为乘客提供了丰富多彩的飞行环境。

湾流 G650 公务机的客舱

▌▌▌▶ ★ 十秒速识

湾流G650公务机采用悬臂式下单翼和悬臂式尾翼，主翼带有翼梢小翼，平尾布置在垂尾上部。机身较宽，两台喷气式发动机分布在机身尾部。

湾流 G650 公务机侧面视角

法国猎鹰 900 公务机

　　猎鹰900（Falcon 900）公务机是法国达索公司研制的一款公务机，其设计源自于猎鹰50公务机。

研发历史

　　1983年5月，法国达索公司在巴黎航展宣布要改进猎鹰50公务机，改进后的机型被命名为猎鹰900公务机。1984年9月21日，猎鹰900公务机首次试飞，1986年3月获得法国和美国的适航证书，于1986年12月开始交付使用。

基本参数	
机长	20.21 米
机高	7.55 米
翼展	19.33 米
空重	10255 千克
最高速度	1066 千米 / 时
最大航程	7400 千米

猎鹰900公务机右侧视角

机体构造

　　相比猎鹰50公务机，猎鹰900公务机的主要改进是增大了机身尺寸和最大航程。猎鹰900公务机在研制过程中应用了计算机辅助设计与制造技术，机身为全金属半硬壳式结构，大量采用碳纤维和"凯芙拉"复合材料。机翼采用悬臂式下单翼，常规轻合金双梁抗扭盒形结构。手操纵全翼展前缘缝翼，液压操纵双缝式碳纤维襟翼和副翼，两侧机翼的襟翼前均有3块减速板，玻璃钢翼尖整流罩，前缘由发动机引气防冰。尾翼为悬臂式结构，平尾安装在垂尾中部，带下反角。方向舵下部的垂尾后缘部分及机身尾锥由芳纶材料制成，其余为全金属结构。

猎鹰900公务机仰视图

电子设备

猎鹰900公务机配备了先进的EASy飞航控制系统、霍尼韦尔"普里默斯"航空电子系统和自动油门，并可选装抬头动态航机导引系统。

猎鹰900公务机的驾驶舱

动力装置

猎鹰900公务机装有三台霍尼韦尔TFE731-5BR-1C涡轮风扇发动机，单台最大推力为21.13千牛，每台发动机还有5.5%附加推力用于提高飞机性能。

猎鹰900公务机右侧视角

运输能力

　　猎鹰900公务机有2名机组人员，客舱最多可以搭载19名乘客。该机具有7400千米的续航能力，可从纽约直飞莫斯科，利雅得直飞北京，东京直飞西雅图。

猎鹰 900 公务机的舱门

十秒速识

　　猎鹰900公务机采用后掠式下单翼，翼型为梯形。两台发动机安装在机身后部两侧，另一台发动机安装在垂直尾翼底部。机身两侧各有12个舷窗。

猎鹰 900 公务机侧后方视角

法国猎鹰 2000 公务机

　　猎鹰2000（Falcon 2000）公务机是法国达索公司制造的一款双发远程宽体公务机。

研发历史

　　1989年6月，法国达索公司在巴黎航展宣布了"猎鹰X"（Falcon X）公务机的研制计划，用于取代猎鹰20/200公务机。1990年10月，该计划正式启动，首款新型飞机被命名为猎鹰2000公务机。该机于1993 年4月首次试飞，1995年3月正式投入运营。除了基本生产型，猎鹰2000公务机还有两种衍生型：猎鹰2000DX公务机，减少载油量，缩短了航程；猎鹰2000EX公务机，增大了航程，装备了新型PW308C型涡轮风扇发动机和航空电子设备。

基本参数	
机长	20.2 米
机高	7.06 米
翼展	21.4 米
空重	9405 千克
最高速度	1041 千米／时
最大航程	6020 千米

猎鹰2000公务机在高空飞行

▍▍▍▶ ★ 机体构造

　　猎鹰2000公务机采用了猎鹰900公务机的前机身和机翼结构，与后者相比，猎鹰2000公务机在外观上最明显的改变是增大了机身后部的面积。机舱内部也有一系列的改进，包括使用更好的隔音材料将噪声降低2个分贝。

猎鹰 2000 公务机侧后方视角

▌▌▌◇ 电子设备

　　猎鹰2000公务机配备罗克韦尔·科林斯公司的机舱控制系统，包括一台22英寸的高清显示器，通过苹果公司的iOS设备可以在飞机的任何地方对其功能进行无线控制。同时，还有一个专门的应用程序，允许乘客控制娱乐方式、窗帘、灯光和温度。

猎鹰 2000 公务机的驾驶舱

▌▌▌◇ 动力装置

　　猎鹰2000公务机最初装有两台霍尼韦尔TFE731型涡轮风扇发动机，后来换装普惠加拿大公司的PW308C型涡轮风扇发动机，单台最大推力为68.6千牛。该机配备了"塔隆Ⅱ"燃烧器，可在无任何功率损失的情况下使氮氧化物的排放减少20%。

停机坪上的猎鹰2000公务机

运输能力

　　猎鹰2000公务机的客舱长7.98米、宽2.34米、高1.88米，方便乘客进行快捷的短途旅行。该机有2名机组人员，最多可以搭载10名乘客。在燃料充足的情况下，猎鹰2000公务机的最大航程超过6000千米，可从纽约直飞安克雷奇、新加坡直飞迪拜，北京直飞孟买。

猎鹰 2000 公务机的客舱

▐▌▌▌▶ **十秒速识**

　　猎鹰2000公务机采用后掠式下单翼，中置水平尾翼，机身后部两侧安装两台涡轮风扇发动机，机身两侧各有10个舷窗。

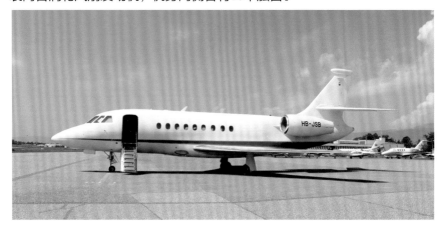

猎鹰 2000 公务机左侧视角

法国猎鹰 7X 公务机

猎鹰7X（Falcon 7X）公务机是法国达索飞机公司制造的一款喷气式公务机。

研发历史

猎鹰7X公务机作为"猎鹰"系列公务机的旗舰机型，毫无疑问地成为达索公司的巅峰之作。该机于2005年5月首次试飞，

基本参数	
机长	23.19 米
机高	7.86 米
翼展	26.21 米
空重	15456 千克
最高速度	953 千米 / 时
最大航程	11000 千米

2007 年获得美国联邦航空局和欧洲航空安全局双重认证，同年开始交付使用。截至2017年7月，已经有260 多架猎鹰7X公务机交付使用。

猎鹰7X公务机前方视角

机体构造

猎鹰7X公务机的内饰设计非常优秀，先进的静音技术使客舱的噪声始终保持在50分贝以下。这项尖端技术的首次应用大幅提高了乘坐舒适度和愉悦感。先进的温度检测系统令整个客舱内温度始终维持在乘客需要的温度，使每个乘客倍感舒适。该机可根据客户的需求定制客舱，座椅布局和内饰均有多种选择供客户挑选。猎鹰7X公务机的多媒体配置非常丰富，电脑、传真机、电话、复印机、录像显示器和会议设备使每位乘客无论是进行商务活动还是娱乐消遣都能得心应手。

低空飞行的猎鹰7X公务机

电子设备

猎鹰7X公务机配备了EASy飞航控制系统，4台14.1英寸平面显示屏使飞行员以805千米/时飞行时需要了解的一切信息尽在眼前：数据、仪表、系统、航空电子功能、地图和天气都一目了然。飞行员可以在平视状态下顺利完成各项工作，根据需求选择显示图标或菜单，并通过点击轨迹球轻松地进行操作控制，感官能力得到显著加强。猎鹰7X公务机安装有数码飞行控制系统，使航道控制更为精准。

猎鹰 7X 公务机左侧视角

动力装置

　　猎鹰7X公务机安装有三台普惠加拿大公司PW307A型涡轮风扇发动机，单台最大推力为28.48千牛。这种发动机在很多大型公务机中已经被广泛使用，获得了业内广泛的好评，其可靠性和耐用性极为出色，使猎鹰7X公务机在7200个飞行小时内不需要大修。

猎鹰7X公务机右侧视角

运输能力

　　猎鹰7X公务机有3名机组人员，最多可搭载16名乘客。该机的设计航程达11000千米，可以轻松把世界任何两座城市联系在一起，如北京到巴黎、上海到西雅图、成都到吉达。在标准载重量下，猎鹰7X公务机仅需要630米的距离就可以安全着陆。它也因此可以使用全球数百个其他喷气式飞机所不能停靠的机场，即使在高原、高温及对噪声要求限制苛刻的机场仍旧能够通行自如。

猎鹰 7X 公务机的客舱

十秒速识

猎鹰7X公务机采用后掠式下单翼和后掠式中置水平尾翼，两台发动机安装在机身后部两侧的发动机舱内，另一台发动机居中安装在机身上方、垂直尾翼前方。

猎鹰 7X 公务机侧前方视角

加拿大挑战者 850 公务机

挑战者850（Challenger 850）公务机是加拿大庞巴迪宇航公司研制的一款中型喷气式公务机。

研发历史

庞巴迪宇航公司是世界知名的公务机生产商，"挑战者"系列公务机代表了庞巴迪宇航公司最高的技术结晶，其中以挑战者850公务机最为出色。该机由庞巴迪宇航公司的支线飞机CRJ200改进而成，它继承了支线飞机宽敞的机舱和翼展，融合了大客舱公务机的舒适性和灵活性的特点，于

基本参数	
机长	26.77 米
机高	6.22 米
翼展	21.21 米
空重	15440 千克
最高速度	1041 千米 / 时
最大航程	5206 千米

2003年更名为挑战者850公务机。2006年8月，挑战者850公务机首次试飞，同年开始批量生产。按照2013年市值，每架挑战者850公务机的造价为3198万美元。

挑战者850公务机侧前方视角

机体构造

　　挑战者850公务机在其支线飞机前身的基础上进行了许多修改，提高了飞机的可靠性和飞行性能。这些措施包括改进刹车系统、电脑控制飞行系统，并重新设计了机体，挑战者850公务机可以比其前身支线飞机多携带1814千克燃料，且增加了有效载荷、航程和起飞重量。

挑战者 850 公务机左侧视角

▌▌▌▌▷ ★ 电子设备

挑战者850公务机的驾驶舱配备了柯林斯ProLine 4航空电子系统、惯性导航系统、防撞系统、地面迫近警告系统和WXR-840彩色气象雷达等电子设备。

挑战者 850 公务机的驾驶舱

▌▌▌▌▷ ★ 动力装置

挑战者850公务机装有两台通用电气公司CF34-3B1涡轮风扇发动机，单台最大推力为41千牛。该机搭载8名乘客时的直飞航程为5206千米，可直飞纽约至柏林、伦敦至吉达、新加坡至上海等航线。与"环球快车"系列公务机相比，挑战者850公务机尽管在飞行高度和速度方面略逊一筹，但具有极强的价格优势。

挑战者 850 公务机起飞瞬间

▌▌▌ ▶ 运输能力

挑战者850公务机的客舱最多可以配置14个乘客座椅，其标准的座椅配置是12座。座椅都采用真皮材质，而座椅设置也十分人性化，除了单个座椅外，还有可以供多人坐的沙发。客舱通常分为三个独立的区域，客户可以定制个性化的客舱设施，如果把座椅数设定在7~10个，可以把多出的空间改为酒吧、套房或者办公区，甚至健身房也能定制到飞机上。舱内有盥洗室，以及配有微波炉、烤箱和冰箱的厨房。

挑战者 850 公务机的客舱

▌▌▌ ▶ 十秒速识

挑战者850公务机采用下单翼和T形尾翼，机身左侧有13个舷窗，右侧有12个舷窗。

挑战者 850 公务机侧后方仰视图

 加拿大环球 7000 公务机

环球7000（Global 7000）公务机是加拿大庞巴迪宇航公司研制的一款大型喷气式公务机。

基本参数	
机长	33.9 米
机高	8.2 米
翼展	31.7 米
空重	25764 千克
最高速度	982 千米 / 时
最大航程	13705 千米

研发历史

环球7000公务机项目于2010年启动，按照原计划，这架航程超过13000千米的喷气式公务机应在2016年交付。但基于公司层面的一些因素，庞巴迪宇航公司宣布环球7000公务机推迟两年交付，预计交付时间会推迟到2018年下半年。

环球7000公务机在高空飞行

机体构造

环球7000公务机不仅拥有开放性的公共空间，在四舱格局的机身后部也保留了安静的私密空间，并在设计中考虑了与其他区域的连通性。该机的卧室、客厅、餐厅和厨房均采用了不同的装饰风格。客户可以根据自己的需求对飞机内部布局与装饰进行个性化的定制。环球7000公务机的舷窗面积较大，为客舱引入更多自然光线，还拥有领先的庞巴迪视景驾驶舱。该机的窗户可根据座位的不同对自然光进行优化，具有优质的观景角度范围。所有四个休息区里，每个区域配有六个窗户，都可根据不同的座位来合理调整。

环球7000公务机侧后方视角

电子设备

环球7000公务机的驾驶舱配备了ProLine Fusion综合航电设备，该航电设备已配备服役机型环球5000和环球6000，技术已较为成熟。

环球 7000 公务机准备降落

动力装置

环球7000公务机装有两台通用电气公司"护照"（Passport）涡轮风扇发动机，单台最大推力为73.4千牛。这种发动机是CF34涡轮风扇发动机的升级型，增加了几项关键技术，其中最重要的是采用了直径1.32米的整体叶盘。整体叶盘是航空发动机的一种新型结构部件，其特点是将风扇叶片和转子固定在一起，使发动机转子部件的结构大为简化，体积减小，允许更多的空气进入发动机，提高了发动机的燃油效率。

环球7000公务机左侧视角

运输能力

环球7000公务机采用宽敞的四舱布局，为大型公务飞机开创了一个新的类别。该机拥有74.67立方米的客舱容积，凭借包括私人休息室在内的四个独立起居空间，它将为乘客提供宾至如归的工作、美食、睡眠、休闲和放松的环境。环球7000公务机的航程达到13705千米，可从北京直飞约翰内斯堡，上海直飞纽约，从纽约直飞迪拜。

环球 7000 公务机的客舱

十秒速识

　　环球7000公务机采用下单翼和T形尾翼，机身左侧有14个舷窗，右侧有16个舷窗。

环球 7000 公务机仰视图

巴西莱格赛 650 公务机

　　莱格赛650（Legacy 650）公务机是巴西航空工业公司设计和生产的一款大型喷气式公务机。

研发历史

　　巴西航空工业公司主要瞄准商用、军用和公务机领域中具有高度增长潜力的特定市场，已经发展成为世界上最大的飞机制造商之一。莱格赛650公务机作为巴西航空工业公司旗下公务机的主力机型，是一架远程跨洲飞行的公务机。2012年，首架莱格赛650公务机交付于中国影星成龙，并邀请成龙作为巴西公务机的形象代言人。

基本参数	
机长	26.33 米
机高	6.76 米
翼展	21.17 米
空重	14160 千克
最高速度	850 千米 / 时
最大航程	7223 千米

莱格赛650公务机左侧视角

机体构造

　　莱格赛650公务机的客舱采用顶级内饰布置，内设真皮座椅、沙发椅、文件柜和用餐会议两用桌。该机还配有1间可准备冷热餐的宽敞厨房，1间位于后舱的盥洗室，以及衣柜、储藏间等。此外，还装置一套配备了DVD播放机和卫星通信设备的娱乐系统。莱格赛650公务机的行李舱空间较大，在飞行途中可轻松进出。

莱格赛650公务机右侧视角

电子设备

　　莱格赛650公务机配备了霍尼韦尔"普里默斯"航空电子系统，驾驶舱使用了升级版的图形用户界面，不仅可以减轻飞行员工作负荷，还有利于飞行员更明智、更快速地作出决定。"普里默斯"航空电子系统还为霍尼韦尔已经获奖的"合成视景系统"提供了升级空间。

莱格赛 650 公务机的驾驶舱

动力装置

　　莱格赛650公务机安装有两台劳斯莱斯AE 3007A2型发动机，单台最大推力为40.1千牛。

莱格赛 650 公务机在高空飞行

▌▌▌▌★▷ 运输能力

莱格赛650公务机有2名机组人员，客舱最多可搭载14名乘客。在搭载8名乘客时，该机的航程超过7000千米，可从伦敦直飞纽约、从迪拜直飞伦敦或新加坡、从迈阿密直飞圣保罗、从新加坡直飞悉尼。

莱格赛 650 公务机的客舱

▌▌▌▌★▷ 十秒速识

莱格赛650公务机采用下单翼和T形尾翼布局，机身两侧各有11个舷窗。

莱格赛 650 公务机的舱门

意大利比亚乔 P180 公务机

比亚乔P180（Piaggio P180）公务机是意大利比亚乔公司设计和生产的喷气式公务机，绰号"前进"。

研发历史

1980年至1981年间，比亚乔P180公务机在美国和意大利进行了外形的风洞测试，最初由比亚乔公司与李尔喷气机公司合作，但合作计划不久后就中止了，比亚乔公司继续P180公务机的研发。原型机在1986年9月23日首次试飞，1990年3月取得意大利和美国的适航证，同年开始交付使用。截至2017年7月，比亚乔P180公务机仍未停产，总产量超过220架。

基本参数	
机长	14.41 米
机高	3.97 米
翼展	14.03 米
空重	3400 千克
最高速度	741 千米/时
最大航程	2797 千米

比亚乔P180公务机侧前方视角

机体构造

与其他公务机相比，比亚乔P180公务机的前翼设计较为独特，主翼位置被后移，使其拥有鸭式布局，但仍使用传统飞机所采用的水平安定面作为飞机俯仰的平衡，同时采用独特的后推式螺旋桨。由于主翼较传统飞机后移，比亚乔P180公务机采用了中单翼的设计方式，这使主翼的翼梁不需穿越机舱，从而也使客舱有较大的空间。

比亚乔 P180 公务机俯视图

比亚乔 P180 公务机的驾驶舱

动力装置

比亚乔P180公务机配备两台普惠加拿大公司的PT6A-66B型涡轮螺旋桨发动机，噪声值小，可靠性高，单台最大功率为630千瓦。该机的低空性能极为出色，在1000米的短跑道便能轻松起降。

比亚乔 P180 公务机仰视图

在配有2名飞行员的情况下，比亚乔P180公务机的客舱能够容纳7～9名乘客，最多可以为11名乘客提供舒适的乘机环境。

比亚乔 P180 公务机的客舱

比亚乔P180公务机采用三组机翼以及两台后置推进式涡轮螺旋桨发动机的设计方式，机身流线性较好。

比亚乔 P180 公务机左侧视角

Chapter 5

通用飞机

　　通用航空是指除了军事、警务、海关缉私飞行和公共航空运输飞行以外的航空活动，包括从事工业、农业、林业、渔业、矿业、建筑业的作业飞行和医疗卫生、抢险救灾、气象探测、海洋监测、科学试验、遥感测绘、教育训练、文化体育、旅游观光等方面的飞行活动，用于这些活动的飞机统称为通用飞机。

美国塞斯纳 172 通用飞机

　　塞斯纳172（Cessna 172）通用飞机是美国塞斯纳飞机公司研制和生产的单发四座小型飞机，是世界上生产量最大的小型通用飞机。

研发历史

　　塞斯纳172通用飞机于1955年6月首次试飞，第一架生产型飞机于1956年交付使用。早期的塞斯纳172通用飞机是标准的三轮传动装置飞机，仅1956年的销量就超过了1400架。之后，陆续出现了塞斯纳172A、塞斯纳172B、塞斯纳172D、塞斯纳172F、塞斯纳172J、塞斯纳172R和塞斯纳C-172SP等改进型号。其中，塞斯纳C-172SP是塞斯纳172系列最现代化的机型，于1998年开始批量生产。截至2017年7月，塞斯纳172系列通用飞机仍在生产，总产

基本参数	
机长	8.28 米
机高	2.72 米
翼展	11 米
空重	736 千克
最高速度	228 千米／时
最大航程	1272 千米

量超过了44000架。该机的购买和使用成本与一辆豪华轿车相似，按照2012年市值，每架塞斯纳172通用飞机的造价仅为30.75万美元。

塞斯纳172通用飞机右侧视角

▍▍▍▶ ★ 机体构造

　　早期的塞斯纳172与塞斯纳170通用飞机非常相似，具有相同机身。后来重新设计成前三点起落架，增加后窗以改良飞行员的视野，成为1架能够360度观察四周环境的飞机。塞斯纳C-172A引入了可移动的尾翼及方向舵及向后倾的机尾，而塞斯纳172B则改进了仪器设备，塞斯纳172D降低了机身的高度，塞斯纳172F加入了电力襟翼，塞斯纳172J更换了发动机，塞斯纳172R加入了标准的无线电设备及隔音设备，塞斯纳172SP可加装G1000玻璃驾驶舱。

装有浮筒的塞斯纳 172 通用飞机

动力装置

塞斯纳172通用飞机安装有一台莱康明IO-360-L2A型四缸水平对置发动机，最大功率为120千瓦。该机的最大爬升率为3.66米/秒，实用升限为4100米。

塞斯纳 172 通用飞机在低空飞行

运输能力

除了飞行员外，塞斯纳172通用飞机还可搭载3名乘客。该机坚固耐用，符合民航仪表飞行法规要求，容易驾驶和维护，起降场地要求很低，几乎可在海拔3000米以下的任何一片平坦的地面起降。

停放在码头上的塞斯纳 172 通用飞机

十秒速识

　　塞斯纳172通用飞机采用斜撑杆式直形上单翼、后掠式垂直尾翼、下置水平尾翼，机头部位有二桨叶螺旋桨，起落架为前三点式起落架。

塞斯纳 172 通用飞机仰视图

塞斯纳 172 通用飞机在高空飞行

 # 美国塞斯纳 208 通用飞机

塞斯纳208（Cessna 208）通用飞机是美国塞斯纳飞机公司研制和生产的一款单发涡轮螺旋桨通用飞机。

研发历史

20世纪80年代，塞斯纳飞机公司开始研制10座级的单发涡轮螺旋桨飞机，用于取代当时在各地运营的数千架德·哈维兰公司生产的"海狸""水獭"活塞式飞机以及较小

基本参数	
机长	11.46 米
机高	4.55 米
翼展	15.88 米
空重	2145 千克
最高速度	344 千米 / 时
最大航程	1982 千米

型的塞斯纳飞机，并打入这一级别的通用飞机市场。1984年10月23日，塞斯纳208通用飞机获得美国联邦航空局适航证，1985年开始批量生产并投入使用。该机经历了一系列的修改，并衍生出不同的机型，由最初的型号演变出多种改进型。

停放在小型机场的塞斯纳 208 通用飞机

机体构造

塞斯纳208通用飞机有带撑杆的机翼（上单翼）和不可收放的前三点式起落架，可选装轮式、浮筒式或滑橇式起落装置。起落架使用正常轮胎，

可在草地、土地、砂石地面起降。若换装浮筒，可在水面起降。若换装冰橇，可在雪面或冰面起降。

塞斯纳 208 通用飞机仰视图

动力装置

　　塞斯纳208通用飞机的动力装置为一台普惠PT6A-114涡轮螺旋桨发动机，最大功率为503千瓦。

塞斯纳 208 通用飞机在水上航行

运输能力

塞斯纳208通用飞机有1~2名机组人员，可搭载9~13名乘客。该机以其优良的适应能力著称，塞斯纳飞机公司提供了不同的起落架安装模式，使其能适应不同的地形，甚至包括水上版本。塞斯纳208通用飞机的可靠性、经济性和灵活性较好，可使用简易跑道，具备一定的商载能力。加装专业设备后，具有多用途的优势。

塞斯纳 208 通用飞机的驾驶舱

十秒速识

塞斯纳208通用飞机采用斜撑杆式直线形上单翼，后掠式垂直尾翼连接背鳍，机头安装有三桨叶螺旋桨。水上机型带有辅助垂直尾翼。

塞斯纳 208 通用飞机在低空飞行

塞斯纳 208 通用飞机右侧视角

俄罗斯别-103 通用飞机

别-103（Be-103）通用飞机是俄罗斯别里耶夫航空科技联合体和加加林航空生产联合体共同研制生产的轻型多用途水陆两用飞机，于2003年交付使用。

研发历史

别-103通用飞机的结构设计和鉴定试飞由别里耶夫航空科技联合体负责，加加林航空生产联合体则负责样机的生产和定型机的批量生产及飞机使用过程中的保养与维修。

基本参数	
机长	10.7 米
机高	3.7 米
翼展	12.5 米
空重	1730 千克
最高速度	235 千米/时
最大航程	845 千米

别-103通用飞机于1997年7月首次试飞，2001年10月获得国际航空协会颁发的型号合格证。2003年，别-103通用飞机开始交付使用。

该机可用于执行多种任务，如客货运输、行政公务联络、紧急医疗救护、抢险救援、邮递、水面生态监测（必要时可着水采集水样）、航空照相、商业旅游以及用于森林保护区、海上边界、经济区的巡逻等。如果安装相应的武器，也可用于低强度作战。

不同涂装的别 -103 通用飞机

机体构造

别-103通用飞机是一种带翼根前缘凸齿的下单翼飞机，全动式水平尾翼装在垂直安定面上，采用前三点式起落架。该机在设计上与传统水陆两用飞机不同的是，它实现了靠飞机机身断阶（水上飞机船体沿纵向外形发生台阶式突变的部分）、左右机翼根部后缘滑行的三点式滑水构想，从而改进了飞机在水上滑行时的稳定性，提高了飞机的航海性能。

电子设备

别-103通用飞机配有备份的操纵系统，能作为教练机来训练飞行员。其导航系统符合美国联邦航空条例FAR 25标准要求，在飞机设计飞行高度和速度范围内，也能提供可靠的手工引导。为满足俄罗斯国内用户需求，该机有两种导航驾驶系统方案可供选择，一种是俄罗斯方案和国外方案的混合型，另一种是完全由俄罗斯生产的导航驾驶仪。别-103通用飞机的出口型可配置本迪克斯·金公司生产的导航设备。根据用户要求，机上还可安装气象雷达、自动驾驶仪和飞行记录仪。

别 -103 通用飞机俯视图

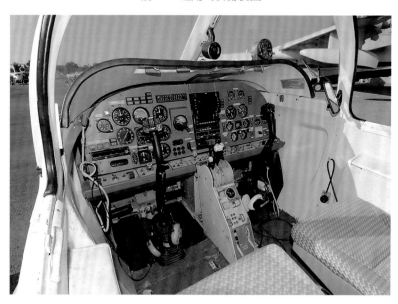

别 -103 通用飞机的驾驶舱

动力装置

别-103通用飞机的动力装置由两台大陆IO-360-ES4型活塞发动机组成，单台功率为157千瓦。该机可在深1.5米以上、长宽600米以上、浪高0.6米的内陆水域或海面起降，也可在水泥跑道上起降。由于其地面压力小，噪声低，所以可以更好地保护生态环境。

别-103通用飞机沿海岸线飞行

运输能力

别-103通用飞机的座舱是根据现代化要求设计的，其配置保障了乘客最大程度的舒适性，同时也能进行快速改装，以适应不同的货物装载要求。座舱内配有空调系统。飞行员为1人或2人，客运可搭载4至5名乘客，货运可运送400千克货物。座舱前部安装有1个维护舱门和1个应急舱门，均可向上打开。

别-103 通用飞机在水上航行

▌▌▌▌▶ 十秒速识

　　别-103通用飞机采用有小幅后掠角的下单翼，以及后掠式垂直尾翼和中置水平尾翼。两阶式机身，没有稳定浮筒。机头两侧各有1个水平边条，第二阶机身前面有1个垂直边条。

低空飞行的别 -103 通用飞机

俄罗斯别-200 通用飞机

别-200（Be-200）通用飞机是俄罗斯别里耶夫航空科技联合体研制和生产的多用途水陆两用飞机，于2003年交付使用。

研发历史

别-200通用飞机的设计工作始于1989年，首架原型机于1996年9月11日出厂，1998年9月24日完成陆上起降首次试飞，1999年9月10日完成首次水上起降。2002年，别-200通用飞机开始批量生产，但产量很小，截至2017年7月也只生产了10架。该机的主要型号为消防型，同时具备发展为反潜巡逻型、海上搜救型和客货运输型的潜力。

基本参数	
机长	32 米
机高	8.9 米
翼展	32.8 米
空重	27600 千克
最高速度	700 千米 / 时
最大航程	2100 千米

别-200通用飞机仰视图

机体构造

　　别-200通用飞机采用悬臂式后掠上单翼，展弦比较大，翼尖装有翼梢小翼。尾翼为T形翼，采用常规的方向舵和升降舵设计方式。机身为全金属半硬壳结构，底部为船体设计，起落架为前三点式，前、主起落架均为双轮式。机头两侧以及机翼旁边安装了边条，机身两侧安装有翼下大型吊舱。

别-200通用飞机侧前方视角

电子设备

别-200通用飞机的驾驶舱仪表板上安装有多个由美国本迪克斯公司生产的液晶显示器,显示器面积为15.2厘米×20.3厘米。飞机上还安装有MH-85气象雷达、ARIA-200数字导航系统等先进的机载设备。

高速飞行的别-200通用飞机

动力装置

别-200通用飞机安装了两台由进步发动机公司研制的D-436TP型大涵道涡轮风扇发动机,单台推力为73.5千牛。由于发动机安装在机翼上方,所以在起降时一般不会触水。该机的出口型可根据用户要求选装包括劳斯莱斯BR-715型涡轮风扇发动机在内的西方国家常用的动力装置。

别-200通用飞机侧后方仰视图

运输能力

别-200通用飞机有2名机组人员，客运型上设备齐全，有厨房、盥洗室和行李间，客舱中央有通道，每排4个座位，排距为75厘米，最多可载72名乘客。货运型的货舱长17米、宽2.6米、高1.9米，可运输7～8吨各种货物。货运型的货舱内安装有9个货盘，其最大载荷7500千克，或安装有9个特种货盘，最大载荷6850千克。

别-200通用飞机的消防型安装了8个水箱，共计可载12吨灭火用水，另外还可安装容量为1.2立方米的液态化学灭火剂箱。该机可在陆地机场加水，也可在开阔水域通过水面滑行12～14秒来汲取灭火用水。在火场与机场距离100～200千米之内时，别-200通用飞机一次加油可向火场投放270～320吨水，灭火能力显著。

别-200通用飞机从水上起飞

十秒速识

别-200通用飞机采用单阶式机身、后掠式机翼、全后掠式T形尾翼，中央机翼的后上方安装有两台涡轮风扇发动机。

别 -200 通用飞机侧后方视角

 # 乌克兰安 -2 通用飞机

安-2（An-2）通用飞机是苏联安东诺夫设计局研制的单发双翼飞机，其用途非常广泛，除了用于农业生产外，还可用作轻量运输、降伞运动等。

基本参数	
机长	12.4 米
机高	4.1 米
翼展	18.2 米
空重	3300 千克
最高速度	258 千米 / 时
最大航程	845 千米

研发历史

二战结束后，苏联飞机设计师安东诺夫开始单独领导设计集体，从事民用飞机的研制。安-2通用飞机是其独立研制的第一批飞机中的一种，这是按照苏联农林部所提要求设计的活塞式单发双翼多用途飞机，最初称"农业经济1型"，后改称安-2。该机于1947年首次试飞，1949年投入批量生产。

安-2的基本型是小型运输机，可在较小的简易跑道起降。该机还可作为搭载12名乘客的简易客机，以及用作农业机、医疗救护机、联络机等，在护林防火、地质勘探、跳伞员训练等方面也能发挥作用。安-2的改进型较多，各个型号累计生产量超过18000架。

停机坪上的安 -2 通用飞机

▥ 机体构造

安-2通用飞机采用单发多座、后三点固定式起落架、带单撑杆双层翼常规气动布局设计方式。其机身采用全金属半硬壳结构，前机身的承力结构由高强度钢管焊接而成，而后机身则用预应力铝蒙皮加上纵横向构件构成。机翼由金属双梁骨架和布蒙皮组成，上下翼间用低阻撑杆加强。上下机翼后缘均装有全翼展襟翼，上机翼还装有前缘缝翼。良好的机翼气动性能，确保了飞机具有优异的短距起落功能。

安-2通用飞机的驾驶舱

▥ 动力装置

安-2通用飞机的动力装置为一台什韦佐夫ASh-62IR型9缸活塞发动机，最大功率为750千瓦，配备四桨叶液压变距螺旋桨。

安-2通用飞机左侧视角

运输能力

　　安-2通用飞机的机身中段是一个4.1×1.6×1.83立方米的货舱，可装载1500千克的货物或运送10～14名旅客或伞兵，也可以安装农药喷洒设备，药罐容积为1400升。由于安-2通用飞机的飞行速度较慢，对降落场地的要求较低，因此能使用跑道较短及设备较差的机场。此外，部分特制型号更能适应严寒或其他恶劣环境。

低空飞行的安-2通用飞机

十秒速识

安-2通用飞机采用不等长直线形双翼、圆形或方形大型垂直尾翼、下置水平尾翼、不可伸缩起落架，机头装有四桨叶螺旋桨，机身两侧的舷窗为圆形。

停放在雪地中的安 -2 通用飞机

安 -2 通用飞机后方视角

英国肖特 330 通用飞机

肖特330（Short 330）通用飞机是英国肖特兄弟公司研制的一款双发涡轮螺旋桨小型飞机。

研发历史

肖特330通用飞机最初称为SD3-30，其研制计划于1973年5月正式启动，研制阶段共制造了2架原型机和1架生产型飞机。第一架原型机于1974年8月22日首次试飞。1976年2月18日，肖特330通用飞机获得英国民航局的型号合格证。1976年6月18日，肖特330通用飞机获得美国联邦航空局的型号合格证以及加拿大航空运输部、德国联邦航空局和澳大利亚运输部的型号合格证。1976年6月，肖特330通用飞机开始交付使用。

基本参数	
机长	17.69 米
机高	4.95 米
翼展	22.76 米
空重	6680 千克
最高速度	455 千米 / 时
最大航程	1695 千米

停机坪中的肖特330通用飞机

||||⟩ 机体构造

　　肖特330通用飞机的机身为轻合金结构，由三个主要部分组成：机头部分包括驾驶舱、前轮舱和前行李舱；中段包括主翼梁固定隔框和安装主起落架及其整流罩的下部横梁；后段包括后行李舱和尾翼固定隔框。机头和后部机身下部是普通蒙皮-桁条结构，其他部位的蒙皮壁板是用光滑的外蒙皮胶接到波纹状的内蒙皮上构成。该机的主翼为撑杆式上单翼，全金属安全寿命结构。机翼中段和中机身上部成为一个整体，为双梁、单翼盒的普通蒙皮和桁条组成的轻合金结

肖特330通用飞机仰视图

构。撑杆支撑的外翼段是等弦长、轻合金双翼盒结构，用螺栓连接在机翼中段。

电子设备

肖特330通用飞机可根据用户要求安装各种无线电和导航设备。标准电子设备有：两套甚高频通信和导航系统、两个下滑道/指点标接收机、两台仪表着陆系统转发器、两台无线电磁指示器、一个无线电罗盘、一个应答器、一个测距设备和气象雷达。

肖特330通用飞机侧前方视角

动力装置

肖特330通用飞机的动力装置为两台普惠加拿大公司PT6A-45R型涡轮螺旋桨发动机，单台功率为893千瓦。每台发动机驱动一副五桨叶恒速全顺桨低速金属螺旋桨。机翼中段和机身整流罩内有燃油箱，总可用燃油量为2546升。

肖特330通用飞机左侧视角

运输能力

　　肖特330通用飞机的驾驶舱设2名机组人员，客舱内标准布局为30座，座椅分10排，每排3座，排距76厘米，中间设较宽的过道。座椅安装在客舱地板的轨道上，以利于改变座舱布局。厨房、厕所和客舱服务员座椅设在客舱后部。机头行李舱容积1.27立方米，后部行李舱容积2.83立方米，每个行李舱都有外部进口，总行李装载量为500千克。客货混合布局时，用隔板把座舱分成后客舱（典型布局18座）和前货舱两部分，货舱通过左侧的大舱门装卸货物，能运载集装箱；全货运布局时，舱内可装7个集装箱，集装箱周围的空间还可用来装其他货物。

肖特330通用飞机右侧视角

⚡ 十秒速识

　　肖特330通用飞机采用斜撑杆式直线形上单翼、方形截面梯形机身、双尾翼，两侧机翼各有1台五桨叶涡轮螺旋桨发动机。

停机坪上的肖特 330 通用飞机

Chapter 6
民用直升机

　　直升机作为20世纪航空技术极具特色的创造之一，极大地拓展了飞行器的应用范围。直升机是典型的军民两用产品，可以广泛应用在运输、巡逻、旅游、救护等多个领域。

美国贝尔 206 轻型直升机

　　贝尔206（Bell 206）直升机是美国贝尔直升机公司研制的一款五座单发轻型直升机，主要用于执行运输、救援、测绘、油田开发及行政勤务等任务。

 研发历史

　　贝尔206直升机于1965年4月开始研制，1966年1月10日第一架原型机试飞，1966年10月取得了美国联邦航空局的适航证，1967年初开始交付使用。截至2017年7月，贝尔直升机公司以及其他许可证生产者共生产7300多架贝尔206系列直升机，其中4600多架是民用型。

基本参数	
机长	12.11 米
机高	2.83 米
旋翼直径	10.16 米
空重	1057 千克
最高速度	222 千米 / 时
最大航程	693 千米

停放在跑道上的贝尔 206 直升机

机体构造

贝尔206直升机采用两片桨叶的半刚性跷跷板式旋翼，桨叶采用贝尔直升机公司标准的"前线下垂"叶型，桨叶由D形铝合金大梁、铝合金蒙皮、蜂窝芯和后段件胶接而成。尾桨为两片桨叶，桨叶为铝合金结构。

低空飞行的贝尔 206 直升机

▶ 电子设备

贝尔206直升机可选装甚高频通信设备、全向导航仪、下滑指示器、自动测向仪等机载设备。

贝尔206直升机右侧视角

▶ 动力装置

贝尔206直升机的动力装置通常是一台最大功率为313千瓦的艾里逊250-C20J型涡轮发动机，燃油容量为344升。该机的最大爬升率为6.9米/秒，实用升限为4115米。

贝尔206直升机后方视角

运输能力

贝尔206直升机的座舱前面并排有两个驾驶员座椅，驾驶员座位后面为可供3人乘坐的长椅。座椅后面有可以装载113千克货物的行李舱。

贝尔206直升机在高空飞行

十秒速识

贝尔206直升机的主旋翼和尾翼都是两片桨叶，座椅两侧各有前开的舱门，机身左侧有1个小舱门。

贝尔206直升机侧后方视角

美国贝尔 222 轻型直升机

贝尔222（Bell 222）直升机是美国贝尔直升机公司研制的一款民用双发轻型直升机。

研发历史

贝尔222直升机的原型机于1976年8月13日首次试飞，1979年8月16日获得美国联邦航空局的适航证并投入批量生产，同年开始交付使用。该机的主要型号有：贝尔222A，基本型；贝尔222B，改进型；贝尔222行政型，安装有全套单套驾驶和双套驾驶的仪表飞行设备和全套自动飞行控制系统；贝尔222UT通用型，起落架为管形滑橇，滑橇上安装有可拆卸的供地面操纵的机轮。

基本参数	
机长	12.85 米
机高	3.56 米
旋翼直径	12.2 米
空重	2066 千克
最高速度	240 千米 / 时
最大航程	600 千米

贝尔 222 直升机仰视图

机体构造

　　贝尔222直升机的机身为轻合金半硬壳式结构，关键部位采用了破损安全设计。该机的旋翼系统采用两片桨叶，其桨毂为钛合金结构，旋翼桨叶不能折叠，尾桨为两片不锈钢结构桨叶。起落架为液压可收放式前三点起落架。

贝尔 222 直升机右侧视角

动力装置

贝尔222直升机的动力装置为两台莱康明公司的LTS101-750C-1型涡轮轴发动机，单台最大功率为510千瓦。该机的最大爬升率为8.79米/秒，实用升限为4815米。

贝尔 222 直升机在低空飞行

运输能力

贝尔222直升机的座舱一般可容纳1名驾驶员和7名乘客，必要时可搭载9名乘客。

停机坪上的贝尔 222 直升机

║║║★ **十秒速识**

贝尔222直升机采用后掠式上下垂直尾翼，主旋翼和尾翼都是两片桨叶。尾撑中段安装水平安定面，带有端板小翼。

贝尔 222 直升机前方视角

美国贝尔 407 轻型直升机

贝尔407（Bell 407）直升机是美国贝尔直升机公司研制的七座单发轻型直升机。

研发历史

贝尔407直升机的研发工作始于1993年，1995年1月该项目首次在拉斯维加斯的直升机展览会上公布。原型机和预生产型机分别于1995年6月29日和1995年7月13日首次

基本参数	
机长	12.7 米
机高	3.56 米
旋翼直径	10.67 米
空重	1210 千克
最高速度	260 千米 / 时
最大航程	598 千米

试飞。1996年2月9日，贝尔407直升机取得加拿大运输部的型号合格证，同年2月23日取得美国联邦航空局的型号合格证。1996年2月，贝尔407直升机首次交付使用。

贝尔407直升机把贝尔206系列直升机的坚固可靠与美国陆军军用直升机系列的高性能结合在一起，成为国际上用于企业行政级商务飞行、私人俱乐部飞行、警务执法、反恐、空中支援、消防、灭火、医疗救护等最具有竞争力的直升机。

贝尔 -407 直升机前方视角

▌▌▌▶ 机体构造

贝尔-407直升机采用单旋翼带尾桨布局，安装有经过改进的OH-58D军用直升机的四片桨叶旋翼、尾桨和减速器系统。机体防护有所改善。前机身包括驾驶舱和座舱，空间不拥挤，改善了乘坐舒适性。机身两侧舷窗面积较大，安装特殊玻璃，增加了舱内采光，扩大了驾驶员和乘员视野。

贝尔 -407 直升机仰视图

贝尔 -407 直升机的桨毂特写

动力装置

贝尔-407直升机的动力装置为一台HTS-900涡轮轴发动机，最大功率为680千瓦。燃油装在两个互连的抗坠毁软油箱中，载油量比OH-58D军用直升机有较大增加。该机可实施垂直起落，左右横行、前进及倒退，并能在空中悬停和定点转弯等，因其具有机身小、飞行灵活等特点，所以适合执行公务、医疗急救、抢险救灾、海洋作业、航拍等任务。

贝尔-407直升机右侧视角

运输能力

贝尔-407直升机的标准布局为5名乘客和2名机组人员，驾驶舱有2名机组人员，座舱有两排背靠背的座椅，前面坐3名乘客，后面坐2名乘客。该机内部最大载荷为1089千克，外部最大吊挂载荷为1200千克。

贝尔-407直升机左侧视角

⫸ **十秒速识**

　　贝尔-407直升机的主旋翼有4片桨叶，尾翼有2片桨叶。座舱门窗为平板式。尾撑中段安装水平安定面，带后掠式端板小翼。

停机坪上的贝尔-407直升机

美国贝尔 427 轻型直升机

贝尔427（Bell 427）直升机是由美国贝尔直升机公司设计生产的双发轻型直升机。

基本参数	
机长	11.42 米
机高	3.2 米
旋翼直径	11.28 米
空重	1760 千克
最高速度	259 千米 / 时
最大航程	730 千米

研发历史

20世纪90年代以来，在国际商用直升机市场上，双发轻型直升机成为新的热点，市场需求大，国际竞争激烈。为了抢占市场份额，贝尔直升机公司开始研制贝尔427直升机，其设计目标是提供一种在性能和有效载重方面与同类直升机相近、但价格更低的双发轻型通用直升机。

1997年初，贝尔直升机公司开始组装第一架原型机，同年12月11日首次飞行。1999年11月19日，贝尔427直升机获得加拿大运输类直升机适航证。2000年1月，贝尔427直升机获得美国联邦航空管理局适航证，同年开始交付使用。

贝尔 427 直升机在低空飞行

▌▌▌▌▷ 机体构造

    贝尔427直升机是完全采用计算机设计的第一种贝尔直升机，设计中采用了三位CATIA立体建模和三维电子实体模型（EMU），提高了设计精度、保证了结构相容性。由于广泛采用碳纤维/环氧树脂复合材料，贝尔427直升机的机身零件数较贝尔206直升机大幅减少。座舱地板和舱顶为了便于制造采用平板构型，其他部位也尽可能不使用或少使用曲板。

贝尔 427 直升机右侧视角

电子设备

贝尔427直升机配备了双屏液晶显示综合仪表显示系统，用于监测发动机仪表、燃油量、主减速器滑油压力和温度、液压系统、电气系统、重量和平衡，并且具备警告功能，还具有记录超限能力和发动机故障诊断功能。电子飞行仪表系统为选装设备，具有全球定位系统接口、区域导航地图、非精确进场能力和气象雷达显示。此外，还可应客户要求选装霍尼韦尔公司的导航/通信电子设备。

贝尔 427 直升机的驾驶舱

动力装置

贝尔427直升机的动力装置为两台普惠加拿大公司PW207D型涡轮轴发动机，单台最大功率为529千瓦。全权数字式发动机控制系统（FADEC）可使发动机起动自动化，并且对温度进行监测，消除热起动的可能性。该系统保持对旋翼转速的严格控制，利用扭矩或温度进行双发动机的功率匹配。

贝尔 427 直升机准备降落

运输能力

贝尔427直升机的座舱座椅布置有两种标准方案：一种为2排面对面三座椅的标准俱乐部座椅；另一种为2排面对面二座椅的公务俱乐部座椅，每排座椅之间有放茶点饮料的茶几。此外，也可选择2排面向前三座椅的标准航空公司座椅。紧急医疗救护型贝尔-427直升机，座舱内可安排1～2副担架，1～2名医护人员。货物运输型贝尔-427直升机，座椅全部拆除，选用可移动货舱平地板，配备货物系留装置。

贝尔 427 直升机侧后方视角

十秒速识

　　贝尔427直升机采用单旋翼带尾桨式布局，使用四叶片主旋翼系统，具有刚性复合材料旋翼桨毂和两叶片尾桨。带端板平尾位于尾梁中后部。垂尾分上、下两部分，下部垂尾下端装有尾撑。尾桨位于尾梁末端左侧。

贝尔 427 直升机在高空飞行

美国贝尔 429 轻型直升机

贝尔429（Bell 429）直升机是美国贝尔直升机公司研制的民用双发轻型直升机，可胜任人员输送、紧急救援、医疗救护和消防等多种紧急任务。

基本参数	
机长	12.7 米
机高	4.04 米
旋翼直径	10.97 米
空重	1925 千克
最高速度	287 千米 / 时
最大航程	722 千米

研发历史

贝尔429直升机于2007年2月27日首次试飞，2009年开始批量生产并交付使用。该机的问世被称为贝尔直升机公司力挽狂澜的放手一搏，因为它在双发轻型直升机中的确出类拔萃。截至2017年7月，贝尔429直升机仍在生产。按照2014年市值，每架贝尔429直升机的造价为750万美元。

贝尔 429 直升机升空起飞

机体构造

贝尔429直升机拥有宽敞的开放式机舱和平面地板，客舱空间扩大到6.16立方米，远大于贝尔427直升机的客舱，由此带来一系列空间上的优势，完全摆脱了拥挤逼仄的尴尬。该机采用标准滑橇起落架，也可选装可收放的轮式起落架。

贝尔429直升机左侧视角

电子设备

　　贝尔429直升机的驾驶舱装有两台彩色液晶显示器。该机可加装良好状况使用监控系统，可监控旋翼运动轨迹和平衡的信息，以及主减速器、传动系统和发动机的数据，包括机身和飞行轨迹的数据。

贝尔429直升机的驾驶舱

动力装置

贝尔429直升机的动力装置为两台普惠加拿大公司PW207D型涡轴发动机，单台功率为545千瓦，并装备有双余度全权限数字发动机控制系统。贝尔直升机公司预计贝尔-429直升机的直接使用成本约480美元/时。该机的标准燃油容量为814升，最大航程为722千米。

贝尔429直升机在山区低空飞行

运输能力

贝尔429直升机的有效荷载重量超过1200千克，舱内配备有8个真皮座椅，拥有足够空间的机舱使双腿可以在座位上尽情舒展，快速拆分的座椅可以灵活重置舱内构造。用于医疗救护时，重置后的机舱更可容纳2副担架和数名医务人员。用于最顶级的商务飞行时，可以改为4个座椅。

贝尔429直升机右侧视角

十秒速识

　　贝尔429直升机采用四桨叶旋翼和双桨叶尾翼，起落架为固定滑橇式。尾撑中段安装有水平安定面，带有端板小翼。

贝尔 429 直升机侧后方视角

美国 R22 轻型直升机

R22直升机是美国罗宾逊直升机公司研制的一款双座单发轻型直升机，在美国广泛应用于直升机驾驶员的训练。

研发历史

R22直升机于1973年6月开始设计，第一架原型机于1975年8月28 日首次飞行，第二架原型机于1977年初制成。1979年3月16日，R22直升机获得美国联邦航空局适航证。

基本参数	
机长	8.76 米
机高	2.67 米
旋翼直径	7.67 米
空重	379 千克
最高速度	190 千米 / 时
最大航程	592 千米

1981年6月，获得美国民航局适航证，之后又陆续在其他国家获得适航证。1979年10月，R22直升机开始交付使用。截至2017年7月，该机已经交付了4600架以上。

R22直升机右侧视角

机体构造

R22直升机采用两片桨叶的半刚性旋翼，桨毂使用3个铰链悬挂，以减少桨叶柔性、旋翼震动和操纵力反弹。弹性跷跷板铰链装有限动块，以防大风中起动和旋翼停转时桨叶撞击尾梁。

R22直升机右侧视角

▐▐▐▐★ **动力装置**

R22直升机的动力装置为一台莱康明O-320-A2C型活塞发动机，最大功率为93千瓦。该机的最大爬升率为6.1米/秒，实用升限为4267米。

R22 直升机在海湾上空飞行

运输能力

R22直升机的有效载荷为417千克，除了驾驶员外，仅能搭载1名乘客。

R22直升机准备降落

十秒速识

R22直升机的主旋翼和上下垂直尾翼都是两片桨叶，主旋翼桨毂高置，尾桨在左侧。起落架为固定滑橇式。

停机坪上的 R22 直升机

R22 直升机起飞

美国 R44 轻型直升机

R44直升机是美国罗宾逊直升机公司研制的一款四座单发轻型直升机，绰号"雷鸟"（Raven）。

基本参数	
机长	9 米
机高	3.3 米
旋翼直径	10.1 米
空重	657 千克
最高速度	240 千米 / 时
最大航程	560 千米

▌▌▌▶ 研发历史

R44直升机于1990年3月首次试飞，1993年正式投入市场，因其用途广泛，年生产量从1996年的78架迅速增长为2000年的264架，截至2017年7月，生产总量已超过5800架。罗宾逊直升机公司以生产低价位、高标准、高性能的轻型直升机而声誉卓著，R44直升机完全具备了这些特征。

R44 直升机准备降落

▌▌▌▶ 机体构造

罗宾逊直升机公司在工艺设计方面一贯强调优质可靠，根据美国国家交通安全委员会的统计数字，由于机身或发动机故障引起的事故，R44直升机比其他直升机要少得多。该机采用罗宾逊直升机公司最新开发的液压助力系统，消除了驾驶杆机械传动产生的震动现象，使驾驶更轻松。驾驶舱配备了可调式脚舵，方便飞行员调整姿势。R44直升机可装备固定或应急快速充气浮筒，能在水上飞行和起降。

R44直升机右侧视角

动力装置

R44直升机的动力装置为一台莱康明IO-540-AE1A5型活塞发动机，最大功率为183千瓦。该机的最大爬升率为5.1米/秒，实用升限为4270米。R44直升机的机体线条优美，其设计符合空气动力学原理，有效提高了飞行速度和效率，巡航速度达200千米/时，而平均耗油量仅为56升/时。

R44 直升机侧后方视角

▶ 运输能力

R44直升机拥有封闭式机舱，机舱内有两排座椅，可以乘坐1名驾驶员和3名乘客，有效载荷为998千克。

R44 直升机侧前方视角

▶ 十秒速识

R44直升机的主旋翼和上下垂直尾翼都是两片桨叶，主旋翼桨毂高置，尾桨在左侧。起落架为固定滑橇式。

停机坪上的 R44 直升机

美国 S-92 中型直升机

S-92直升机是美国西科斯基飞机公司研制的一款双发中型直升机，主要针对民用市场而设计。

基本参数	
机长	17.1 米
机高	4.71 米
旋翼直径	17.17 米
空重	7030 千克
最高速度	306 千米 / 时
最大航程	999 千米

研发历史

20世纪90年代初，由于苏联解体，国际形势趋于缓和，西科斯基飞机公司预测民用中型直升机的市场需求会有所增长，决定研制一种面向21世纪的军民通用型新型中型直升机。该计划正式于1992年在西科斯基飞机公司立项，命名为S-92"直升客车"直升机。

S-92直升机于1995年6月在巴黎航展上展出，于1998年首次试飞，2004年投入使用。西科斯基飞机公司在该项目上的风险投资伙伴有日本三菱重工业株式会社（7.5%）、西班牙格曼萨公司（7%）、巴西航空工业公司（4%）

等。S-92直升机可执行客运、货运、航空救护、搜索救援等任务，具有售价便宜、使用成本低、机内空间大、客舱安静等特点。由于S-92直升机能满足军用和民用的多种使用要求，同时经济性也较好，所以在同类直升机中极具竞争力。

停放在跑道上的 S-92 直升机

|||||▶ 机体构造

　　S-92直升机的机体广泛采用复合材料，采用复合材料的部位包括整流罩、浮筒式燃油箱舱、机头座舱罩、尾斜梁前后缘等，所采用的复合材料占机体重量的40%。复合材料的应用不仅减轻了重量，还提高了耐腐蚀性和抗破裂的能力。旋翼系统采用具有先进高速翼型的大弦长复合材料桨叶，桨叶由石墨大梁、玻璃纤维蒙皮等组成，桨尖尖削，有30度后掠角和20度下反角。尾斜梁由铝合金主体构架及碳纤维复合材料整流罩组成。

S-92 直升机仰视图

▌▌▌▶ 电子设备

S-92直升机的电子系统是以MIL-STD-1553或ANMC 429数据总线为基础的综合模块化电子设备，不仅可适用于各种任务设备，而且还可大大简化设备的安装工作。

S-92 直升机左侧仰视图

动力装置

S-92直升机有两台通用电气公司的CT7-8型涡轮轴发动机，每台额定功率为1790千瓦，起飞功率为1529千瓦。发动机安装有全权数字电子控制系统。这种发动机的强大功率不仅能满足民用用户的需要，也能满足军用用户的需要。S-92直升机的机身两侧有浮筒式燃油箱，每个容量为1134升，加上其内部还设有辅助燃油箱，这就可大大增加直升机搜索救援的范围或延长搜索救援的飞行时间。在必要情况下，S-92直升机也可进行空中加油。

S-92直升机紧贴海面飞行

运输能力

S-92直升机有2名机组人员，用于客运时，最多可以安装22个乘客座椅。用于货运时，有效载荷为12020千克，吊钩最大的承载能力为4536千克。

S-92直升机前方视图

S-92直升机采用四桨叶主旋翼、四桨叶右侧尾桨，前三点式起落架可收进两侧大型浮筒内。

S-92 直升机在执行搜索任务

俄罗斯米 -34 轻型直升机

　　米-34（Mi-34）直升机是米里设计局研制的一款四座轻型多用途直升机，主要用于教练、通信、观测、联络和巡逻，在北约代号为"蜂鸟"（Hermit）。

研发历史

　　1986年，米里设计局制造了2架原型机和1架结构试验机，同年首次试飞，并在巴黎航展上公开展出。1993年，米-34直升机开始交付使用。该机主要有两种型别：双排座教练型和单排座运动型。按照2011年市值，每架米-34直升机的造价为100万美元。

基本参数	
机长	11.42 米
机高	2.75 米
旋翼直径	10 米
空重	950 千克
最高速度	210 千米 / 小时
最大航程	356 千米

米-34 直升机编队

机体构造

米-34直升机的机身采用轻合金铆接结构，半铰接式旋翼有4片玻璃纤维桨叶，带有挥舞铰和周期变距铰。尾翼为T形，后掠垂尾顶部安装有小型无后掠平尾。尾桨有2片复合材料制造的桨叶，装在尾梁右侧。起落架为普通不可收放滑橇式。

米-34 直升机侧前方视角

动力装置

米-34直升机安装有一台韦杰涅耶夫设计局设计的M-14V-26V型9缸活塞式发动机，最大功率为239千瓦。这种发动机具有特技飞行直升机所需的一些非常重要的特性，如加速性好、对吸入的废气不敏感等。

米-34直升机右侧视角

运输能力

米-34直升机安装有两套操纵装置，从而使这种直升机既可以作为教练机，又可以作为联络机和巡逻机，驾驶舱后面有1个空间舱，必要时可载人或装货。该机有1~2名机组人员，可搭载2~3名乘客。

米-34直升机在低空飞行

▌▌▌▌▌▷ **十秒速识**

米-34直升机采用四桨叶主旋翼和双桨叶右侧尾桨，配备气泡式座舱罩、后掠式垂直尾翼和小型T形水平尾翼。驾驶舱两侧和后舱两侧各有一个前部铰接的舱门。

停机坪上的米-34直升机

欧洲 EC130 轻型直升机

EC130直升机是欧洲直升机公司研制的一款单发轻型直升机，其特点为宽敞、舒适和噪声水平非常低，可适应世界各地最严格的噪声限制规章。

基本参数	
机长	10.68 米
机高	3.34 米
旋翼直径	10.69 米
空重	1377 千克
最高速度	287 千米 / 时
最大航程	610 千米

研发历史

EC130直升机由AS350"松鼠"直升机衍生而来，但采用涵道式尾桨和更宽的座舱。该飞机于1999年6月首次试飞，在2001年2月的拉斯维加斯直升机展会上亮相后开始交付使用。EC130直升机维护简单，能够完成各类任务，包括观光运输、空中执法或紧急医疗等。

停机坪上的EC130直升机

机体构造

EC130直升机具有非常低的外部噪声水平，比国际民航组织噪声限制值低7分贝。这些优点得益于采用了低噪声的涵道尾桨和尾桨转速自动控制系统。宽敞的模块化座舱内噪声水平很低，且具有符合美国航空管理局规定的耐坠毁性座椅。

EC130直升机左侧视角

电子设备

　　EC130直升机配备了符合目视飞行规则昼间飞行的标准无线电通信和导航系统，其中包括与全球定位系统相连的综合仪表板。该机具备夜间按照目视飞行规则飞行的能力。

EC130 直升机准备降落

动力装置

EC130直升机采用了透博梅卡阿吕斯2B1型涡轮轴发动机（最大功率为632千瓦），其上安装有双通道全权数控装置（FADEC），以及能在FADEC双数字通道故障时自动操控发动机的备用控制盒。

EC130直升机在低空飞行

运输能力

EC130直升机的有效载荷为1050千克，最大起飞重量为2427千克。该机有1名飞行员，最多可以搭载6名乘客，其中有2名坐在前排，4名坐在后排。

EC130直升机在高空飞行

EC130直升机采用三桨叶主旋翼、十桨叶涵道式尾桨，尾撑后部安装水平安定面。起落架为固定滑橇式。

EC130 直升机右侧视角

欧洲 EC135 轻型直升机

　　EC135直升机是欧洲直升机公司设计和制造的双发轻型直升机，被广泛运用于警务与急救领域，同时也用于执行运输任务。

研发历史

　　EC135直升机的历史可以追溯到20世纪80年代欧洲直升机公司成立之前。最初它是作为德国梅赛施密特-伯尔科-布罗姆公司的BO 108直升机进行开发的，1988年10月17日进行了首次技术验证飞行。在梅赛施密特-伯尔科-布罗姆公司与法国宇航直升机部门合组为欧洲直升机公司后，BO 108直升机逐渐发展成为EC135直升机，并于1994年2月15日首次试飞，1996年开始交付使用。较低的事故率和较大的内部空间令EC135直升机深受欢迎，成为目前销量最大的轻型双发直升机之一。

基本参数	
机长	12.16 米
机高	3.51 米
旋翼直径	10.2 米
空重	1455 千克
最高速度	281 千米 / 时
最大航程	635 千米

EC135直升机右侧视角

机体构造

　　EC135直升机运用了一系列高新科技，包括无铰接旋翼、全复合材料无轴承尾桨、装有减震装置的紧凑型变速箱（允许更高的客舱高度）、复合材料结构、改进的气动外形、现代航空电子设备和电子飞行仪表系统等。

EC135 直升机的驾驶舱

▶ 动力装置

根据客户要求，EC135直升机可供应两种型号，区别主要在于发动机：EC135 T2型，采用透博梅卡阿吕斯2B2型发动机（最大功率为452千瓦）；EC135 P2型，采用普惠加拿大公司的PW206B型发动机（最大功率为463千瓦）。EC135直升机的载重大、噪声低，但升限较低，续航时间不长。

EC135 直升机在雪山地区飞行

▶ 运输能力

EC135直升机有1名飞行员，客舱能配备8个座位，也能更改配置用于执法人员或贵宾运送、紧急医疗服务、搜寻和救援等任务。该型机的有效载荷为1455千克。

EC135直升机右侧仰视图

十秒速识

　　EC135直升机采用五桨叶主旋翼、十桨叶涵道式尾桨，尾撑后部安装水平安定面，带有下掠式端板小翼。起落架为可收放前三点式。

EC135 直升机前方仰视图

EC135 直升机降落在山区

 欧洲 EC145 中型直升机

EC145直升机是欧洲直升机公司研制的轻型双发多用途直升机，主要用途有搜索救援、紧急勤务、专机/载客运输、货运、近海作业、航拍、新闻采访以及训练等。

基本参数	
机长	13.03 米
机高	3.45 米
旋翼直径	11 米
空重	1792 千克
最高速度	268 千米 / 时
最大航程	680 千米

研发历史

为缩短研制周期，尽早投放市场，欧洲直升机公司在研制EC145直升机的过程中走了捷径，将EC135直升机的前机身和BK117直升机的后机身拼合起来组成EC145直升机。因此，EC145直升机实际上是EC135和BK117直升机的优化组合。EC145直升机基本型于1998年开始研制，1999年6月首次试飞，2002年开始交付使用。

EC145直升机具有商载大、航程远、噪声低、驾驶舱舒适宽敞、驾驶员工作负荷轻、系统安全可靠、使用成本低等特点，并符合欧洲JJAROPS最新适航要求，允许在人口密集地区和市区起降。自投放市场以来，EC145直升机便深受用户青睐。

停机坪上的 EC145 直升机

▮▮▮▷ 机体构造

EC145直升机广泛采用先进技术,拥有高性能旋翼桨叶、气动优化的机身、具有现代化人机接口特点的驾驶舱、大视野风挡玻璃和宽敞的座舱等。该机采用先进的三维CATIA软件设计,在方案论证期间建立了多种数字实体模型,用于评估油箱安装、座舱外形、选装设备装配等。此外,为节省专用工装,EC145直升机采用了许多与EC135直升机相同的设计原理。为减少零件重量和降低加工成本,特别重视选材。机身主要结构选用薄壁型材,座舱框架、顶板和地板、发动机整流罩及舱门等都选用轻质复合材料。

EC145直升机右侧视角

▮▮▮▷ 电子设备

EC145直升机采用玻璃驾驶舱,与欧洲直升机公司的EC120、EC130、EC155等直升机基本相同,驾驶舱仪表板在EC135直升机的基础上进行了简化,并作了人机控制适配优化,使驾驶员能集中注意力执行任务。仪表板上安装有法国泰雷兹航空电子公司研制的中央仪表板显示系统 和飞行控制显示系统。飞行控制显示系统由飞机发动机监视显示器和告警、咨询显示器两部分组成。

EC145 直升机的驾驶舱

动力装置

　　EC145直升机的动力装置为两台透博梅卡阿兹斯1E2型涡轮轴发动机，单台最大功率为550千瓦。主减速器为川崎重工业公司KB03型。座舱地板下有4个软油箱，可装载694千克燃油。

EC145 直升机在雪山地区飞行

运输能力

EC145直升机有1~2名飞行员，最多可搭载9名乘客。在执行救护任务时，座舱内可布置2副担架和3个座椅，座椅供医生和护士用。该机的最大起飞重量为3585千克，最大外挂重量为1500千克。

EC145 直升机仰视图

十秒速识

EC145直升机采用四桨叶主旋翼、可拆卸双桨叶尾翼、固定滑橇式起落架，尾撑中段安装水平安定面，带有端板小翼。

EC145 直升机右侧视角

欧洲 EC155 中型直升机

EC155直升机是欧洲直升机公司研制的一款双发长程通用直升机，能坐一般乘客或是改装成救护直升机或VIP豪华专机。

研发历史

EC155直升机是在原法国直升机公司"海豚Ⅱ"直升机基础上通过换装更先进的航空发动机和五叶片主旋翼，并对航空电子设备和机舱内饰进行改进后研制而成的，主要面向民用直升机市场。1997年，EC155直升机在巴黎航展上首次公开展出。1999年，EC155直升机取得了法国民航局和德国政府的适航证，同年开始交付使用。

基本参数	
机长	14.3 米
机高	4.35 米
旋翼直径	12.6 米
空重	2618 千克
最高速度	324 千米 / 时
最大航程	857 千米

EC155直升机左侧视角

▶ 机体构造

作为"海豚"直升机大家族中的增强型，EC155直升机增加了30%以上座舱空间，行李货舱同样增加了30%的容积。其他改进还包括采用五桨叶柔性桨毂的复合材料主旋翼，沿袭了"海豚"系列直升机可降低震动和噪声水平的涵道尾桨。

EC155 直升机侧后方仰视图

电子设备

　　EC155直升机采用全玻璃座舱，装备了集成的数字飞行控制系统，采用有源点阵液晶显示器，装有欧洲直升机公司的机体发动机多功能显示系统。此外，该机还配备了四维数字式自动驾驶仪，以及全权数字式发动机控制系统。

EC155 直升机的驾驶舱

动力装置

　　EC155直升机的动力装置为两台经过优化的透博梅卡阿吕斯2C2型发动机，可适应高温、高原的作业环境。由于安装了全权数控装置，单发安全性能得到增强。EC155直升机具有充足的剩余功率，在同级直升机中具有较快的巡航速度（278 千米/时）和857千米的航程。

EC155直升机前方仰视图

运输能力

　　EC155直升机的座舱环境舒适，可容纳13名乘客外加2名飞行员，若更换为舒适的VIP构型，则可搭载8名乘客加2名飞行员。

EC155 直升机右侧视角

|||> 十秒速识

　　EC155直升机采用五桨叶主旋翼、十桨叶涵道式尾桨，尾撑后部安装水平安定面，带有下掠式端板小翼。起落架为可收放前三点式。

EC155 直升机后方视角

 ## 意大利 AW109 轻型直升机

AW109直升机是意大利阿古斯塔·韦斯特兰公司生产的双发八座轻型多用途直升机。

研发历史

AW109直升机于1971年8月4日首次试飞，1975年6月获得意大利航空注册局和美国联邦航空管理局适航证，1976年开始交付使用。该机具备全天候飞行能力，其客舱

基本参数	
机长	13.04 米
机高	3.5 米
旋翼直径	11 米
空重	1590 千克
最高速度	285 千米 / 时
最大航程	932 千米

可以快速更改结构以适应商务运输、医疗急救、警务巡逻等不同的任务模式。该机可以在高温、高原地区、寒冷地区、强风和近海大湿度、高盐分环境下正常飞行，能够满足不同地区和环境的作业需求。

AW109直升机前方视角

机体构造

AW109直升机安装了复合材料旋翼、弹性轴承和旋翼夹套以及钛合金转子。该机采用轮式起落架，不仅极大地提高了直升机野外着陆的能力，也增加了绞车作业的安全性，同时轮式起落架的滑跑起飞和着陆功能也提

高了直升机的作业性能。该机可以安装各种多用途设备，包括绞车、应急浮筒、红外夜视仪、外部扬声器、夜间搜索灯、吊挂货钩、消防水桶、各种紧急医疗救护设备等。

AW109直升机右侧视角

▌▌▌◇ 电子设备

AW109直升机的数字玻璃驾驶舱内置6个液晶仪器显示器，能直观显示各个仪器的运作状态，从而减轻了驾驶员的工作负担。

AW109 直升机的驾驶舱

动力装置

AW109直升机的动力装置为两台普惠加拿大公司的PW206C型涡轮轴发动机（单台最大功率为417千瓦）或两台透博梅卡阿吕斯2K1型涡轮轴发动机（单台最大功率为420千瓦），由全权限数字式发动机控制系统控制。

AW109直升机在堤坝上空飞行

运输能力

与其家族中的前辈相比，AW109直升机大幅降低耗油量的同时还增加了航程和有效载荷。该机有1~2名机组人员，最多可以搭载7名乘客。客舱不仅舒适、优雅，还采用了最新的隔音技术，隔音效果颇为出色。

AW109 直升机编队飞行

▌▌▌▶ 十秒速识

　　AW109直升机机身细长，采用上下垂直尾翼，尾桨在尾梁左侧。起落架为可收放轮式。

AW109 直升机左侧视角

参考文献

[1] 西风. 战略运输机[M]. 北京: 中国市场出版社, 2014.

[2] 西风. 直升机·教练机[M]. 北京: 中国市场出版社, 2012.

[3] 深度军事. 现代飞机鉴赏指南[M]. 北京: 清华大学出版社, 2014.

[4] 廖学锋. 时间机器: 世界公务机选购策略[M]. 北京: 中航出版传媒有限责任公司, 2014.

世界武器鉴赏系列 ⊕

现代舰船 鉴赏指南（珍藏版）【第2版】

现代飞机 鉴赏指南（珍藏版）【第2版】

现代战机 鉴赏指南（珍藏版）【第2版】

单兵武器 鉴赏指南（珍藏版）【第2版】

世界手枪 鉴赏指南（珍藏版）【第2版】

世界名枪 鉴赏指南（珍藏版）【第2版】

美国海军武器 鉴赏指南（珍藏版）【第2版】

二战尖端武器 鉴赏指南（珍藏版）【第2版】

特种作战装备 鉴赏指南（珍藏版）【第2版】

早期经典战机 鉴赏指南（珍藏版）【第2版】

坦克与装甲车 鉴赏指南（珍藏版）【第2版】

空战武器 鉴赏指南（珍藏版）【第2版】

陆战武器 鉴赏指南（珍藏版）【第2版】

无人装备 鉴赏指南（珍藏版）【第2版】

特殊武器 鉴赏指南（珍藏版）【第2版】

海战武器 鉴赏指南（珍藏版）【第2版】